神奇DE量子和量子通信

C.C. 彭世坤 编著

四川科学技术出版社

图书在版编目（CIP）数据

神奇的量子和量子通信/C.C. 彭世坤编著.–成都：四川
科学技术出版社，2014.7（2025.1重印）

ISBN 978–7–5364–7918–0

Ⅰ．①神… Ⅱ.①C.… Ⅲ.①量子论 – 青少年读物 ②量
子力学 – 光通信 – 青少年读物 Ⅳ.①O413–49②TN929.1–49

中国版本图书馆CIP数据核字(2014)第120254号

神奇的量子和量子通信

SHENQI DE LIANGZI HE LIANGZITONGXIN

编 著 者 C.C. 彭世坤

出 品 人 程佳月

责 任 编 辑 吴 文

营 销 策 划 程东宇 李 卫

封 面 设 计 虫 虫

版 面 设 计 虫 虫

责 任 出 版 欧晓春

出 版 发 行 四川科学技术出版社

成都市锦江区三色路238号 邮政编码 610023

官方微博 http://weibo.com/sckjcbs

官方微信公众号 sckjcbs

传真 028-86361756

成 品 尺 寸 146 mm × 210 mm

印 张 5.5

字 数 90 千

印 刷 天津旭丰源印刷有限公司

版 次 2014年7月第1版

印 次 2025年1月第4次印刷

定 价 38.00元

ISBN 978-7-5364-7918-0

邮购: 成都市锦江区三色路238号新华之星A座25层 邮政编码: 610023

电话: 028 86361770

阿尔伯特·爱因斯坦

埃尔温·薛定谔

路易·维克多·德布罗意

尼尔斯·亨利克·戴维·玻尔

沃尔夫冈·泡利

维尔纳·卡尔·海森堡

保罗·狄拉克

1927 年索尔维会议留影

1930 年喜尔维会议留影

前 言

2013年的春天，编辑找到我说，希望我能帮她写一本关于"量子和量子通信"的书……没等她细说，我就把头摇得像拨浪鼓一样。"量子？！量子通信？！写书？！"虽然我也算是物理系研究生毕业，研究方向也和量子多少有些关系，但是，一听见"量子"，我仍然不由自主地觉得"一个头变两个大"。要知道，"量子"这个看起来简单的词语，牵动过多少物理学家的心，让他们为之困惑、为之欣喜、为之争吵，甚至为之投入毕生精力以探其奥秘……这样一个"高端、大气、上档次"的科学"宠儿"，岂是我这样一个小小的物理学研究生有能力来描述清楚的？更别说"写书"了！我断然拒绝。

我的拒绝并没有使编辑放弃她的想法，她说："我也是学物理毕业的，我知道'量子'有多难，我不会让你去写关于量子的专著——你的水平，确实也写不出来（这话说得，还真是'实诚'）——我想让你写的，是一本用于普及'量子和量子通信'常识以及一些基础知识的青少年科普读物。注意，重点是'青少年科普读物'，所以，内容浅显易懂，用语风趣幽默，讲述生动形象是必不可少的。"见我仍然眉头紧锁，心有顾虑，她随后"改打'亲情牌'",换了一种语重心长的语调接着说:"作为一名物理教育工作者,难道你不想让你的孩子们了解更多物理学中最新、最前沿的知识,比如'量子'吗?难道你不想借此机会改善一下他们面对物理的'畏难情绪'而对物理发生更浓厚的兴趣吗?难道你不认为那些关于'量子'的有趣的小故事,肯定会受到孩子们的喜欢吗?难道……"

提到我的"孩子们",我有些按捺不住了。其实,在平日的教学工作中,为了更多地激发孩子们学习物理的热情,为了让他们产生更多了解物理、学习物理的兴趣和积极性,我也不只一次地向他们介绍过和物理相关的一些前沿科技知识,其中不乏与"量子"相关的内容,只不过那些多是口头讲述。可就是这些略显凌乱的、口头上讲述的知识片段,却能常常引起孩子们的浓厚兴趣和激烈探讨。或许,我可以试着以更正规的形式——文字描述——向孩子们更详细地介绍一些科学知识,以激发他们更大的学习热情;或许,我真的可以从这次的"量子和量子通信"开始尝试!

不等编辑再说,我"接招"了。虽然在后来书稿的完成过程中,我不只一次地后悔当时的一时冲动(对于高深的"量子",想用大家都能看明白的语言来表述,其难度远远超过了我的想象),但在编辑"威逼利诱""软磨硬泡""动之以情,晓之以理"等的攻势下,我认清了形势——只要"接招"了,就不可以反悔!

终于，历时一年多，《神奇的量子和量子通信》初具雏形。书中用孩子们喜闻乐见的传说、魔术、科幻故事等开头，从传统的"通信方式"入手，由浅入深地渐渐过渡到"量子与量子通信"上来。全书以时间为顺序，以量子的诞生和曲折的发展历程为主线，穿插有大量的量子发展史中极具代表性的逸闻趣事，如长达数十年之久的"玻—爱之争"；有许多伟大科学家们的奇思妙想，如"薛定谔的猫""EPR佯谬"等；还有很多科学家们的奇言妙语，如爱因斯坦的"上帝永远不会掷骰子"等，并对以量子为基础的量子通信的原理作了简单概要的介绍，对其发展前景也作了相应的展望。全书回避了对高深量子理论的探讨，用语诙谐，描述生动，以适合广大青少年们的阅读习惯和以形象思维占主导的思维特点。

尽管书稿完成的过程中有着太多令我"头痛"的困难，但是，只要通过本书，能让广大青少年们对高深的"量子"有一个初步的认识和了解，从而或多或少地对量子或者物理产生一点兴趣，哪怕真的只是那么一点点的兴趣，我也觉得对得起当初自己的"冲动接招"了。

现在，这本书就要和读者们见面了，我在激动之余更多的却是忐忑。我深知自己的能力水平有限，书中难免会有不当的观点或表述，敬请广大读者批评指正。

CONTENTS

目 录

第一章 那一年的事情

当你无意中拿起这本书，但立马就用略显迷茫、无奈，转而露出忧郁之光的眼神看着书名中的"量子"两个字时，我相信，无论是前面的"神奇"，还是后面的"通信"，都已经难以化解你对是否还有必要选择将这本书读下去的纠结的心理。是的，如果你学过物理，或许对物理还有那么一点多于别人的爱好的话，你就或多或少地了解一点"量子"理论的抽象和高深；如果你没学过物理，或者对物理从来都提不起兴趣，那

么,你对"量子"的了解可能也就仅限于对这个名词的"略有所闻",那了解程度,绝对比一只兔子对骨头的了解程度好不了多少。

但是,我想祝贺你,你的无意之举,已经为你打开了"仙境"①之门。你接下来要做的,就只要像爱丽丝跟着无意间发现的兔子跌进一个树洞里,打开一扇奇怪的小门,然后走进去那样,对,就是那样,简单地、无意地走进去,你就会发现里面有多么神奇!

① "仙境",这里指英国作家查尔斯·路德维希·道奇森以笔名路易斯·卡罗尔于1865年出版的儿童文学作品《爱丽丝梦游仙境》中提到的"仙境"。

现在，如果我又将"量子"俩字摆在你的面前，或许你刚才在看到"仙境"和看到"神奇"时眼里微微闪现的"惊喜"之光，又会马上换成你眼中曾有的那种一点迷茫、一点无奈、一点忧郁混杂在一起的眼神。那么，就让我们先撇下"量子"不管，说点别的什么吧。说点什么好呢？让我想想。要不，我们就先说说"那一年"的事情。

茅山道士的"穿墙术"

在中国传说中，"茅山道士"多是以捉鬼降妖而闻名于世的，他们用于驱鬼、降魔的，令人心生敬畏的神秘道术，则被称为"茅山道术"。然而，之所以会有这样的传说，却是因为一些后世弟子为了骗吃骗喝，借用茅山宗①茅山道士之名，愚弄乡民，以及一些信徒们夸大其词，以讹传讹的结果。

---

① 茅山宗是以茅山为祖庭而形成的道教派别。它宗承上清派，是上清派以茅山为发展中心的别称。

如今,"茅山道士""茅山道术"等一系列以"茅山"打头的词语,早已失去了昔日的光彩。但无法否认的是,那一年,"茅山道士"绝对是名人。如果当时有"奥斯卡道界名人"评奖的话,"最玄幻咒语奖""最高深道术奖""最家喻户晓奖""最具影响力奖""最受欢迎奖"等等,很多能想到的"最"都可以颁给"茅山道士"。

那一年,如果茶余饭后你不说说"茅山道士",那你"out"①啦;如果你说不出几个"茅山道士"惯用的法术,那你"out"啦;如果你说你没有听过"茅山道士"的"穿墙术",那你绝对"out"啦。

那一年,"穿墙术"就像"茅山道士"的"主打歌",在某种程度上,几乎已经成为当时"茅山道士"的代名词。人人都在谈论"穿墙术"非常的神奇,非常的厉害,非常的有趣——人可以在念动咒语之后,很快地穿过厚厚的墙壁出现在墙的另一面且毫发无损……

那一年,我还很小(当然这是以现在的我为参照物

---

① "out"为21世纪10年代左右在中国年轻人中的流行用语,有"过时,跟不上形势"的意思。

的。物理学中，选择合适的参照物，是一件重要且严肃的问题）。在满眼挤满大人们的眉飞色舞、满脸接满四溅的口沫的各种闲谈中，我被那一长串的、无数的"非常"深深地吸引了。于是，我在"非常"的驱使下，在对"穿墙术"无限的憧憬中，偷偷从电视上学来了咒语和穿墙之前必摆出的"pose"。当时我坚定地认为，咒语和演员在穿墙前必做的那个姿势对于穿墙能否成功来说是同等重要的，就像希曼①在每次需要变成拥有特别强大力量的人之前都会向天空高举起宝剑并大喊"赐予我力量吧"一样。

我一遍又一遍地记着咒语，一次又一次地在镜子前严格要求自己摆出的"pose"不但要达到形似，还要

---

① 希曼是20世纪80年代美国一部有名的动画片《宇宙的巨人希曼》中的主人公。

达到神似,我甚至要求自己连演员穿墙前微翘嘴角和微微眯起眼睛的细微动作都要做到。

那一年,我英勇无比,摆好姿势、念动咒语,然后如刚加满油的摩托车,开足马力,向一堵墙冲了过去……

结果? 你是问我结果吗? 哎,那就是——我头上顶着一个硕大无比的青包躺在床上,泪流满面、满心痛苦地反思——为什么我那么刻苦地练习却没有穿过墙去,难道是"pose"没摆好,又或者是根本就把咒语念错了?

那一年,我还很小。

也幸亏我还很小,气力也很小,不然的话,很有可能就不是光顶着个青包这样简单了,没准现在我根本无法给你讲那

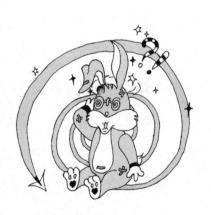

一年的事情了。请注意,该动作危险,请勿模仿。

无论怎样,那一年是"茅山"满天飞的一年,即使后来我知道那是不真实的,但我依然还会在梦里细细体

会从墙的这一面穿越到墙的那一面的神奇。

大卫的魔术"穿越长城"

"茅山"后来渐渐淡出人们的生活，如果你仍然没完没了地把"茅山"讲个不停，除了有少许人可能会配合你怀怀旧以外，多数人都或多或少地会向你投来一道鄙夷的目光——里面的含义绝不是"你怎么这么过时"这样肤浅，而是会深刻到"没文化，真可怕"这样的高度，换个角度说，就是耻笑你"不懂科学"。

"不懂科学"，这是个很可怕的印记，它会反映出你的生活状况、家庭环境、受教育程度、社会地位等等一系列的问题。所以，你最好吞下即将从嘴里蹦出来的"茅山"二字，让我给你讲讲那一年的事情。

那一年，神奇的"茅山"和"穿墙术"虽然再也无法迷惑大众，但芸芸众生对从墙的这一边穿越到墙的那一边的向往和热情却并没有随着"茅山"的隐没而消失。反而，就像古人们凭着对飞翔的向往与渴求，在绑

上翅膀学飞失败后，竟萌发出更多的追求方式，以至于在众人的无数次想象、尝试，再想象、再尝试的轮回中最终觅得真谛，飞翔成功那样，"穿墙"也被无数的人用无数的方法进行着尝试。而众人中，"穿墙"最成功的——至少看起来是这样的——则是大卫·科波菲尔。

大卫·科波菲尔何许人也？原来此人乃是美国超级魔术大师。大卫·科波菲尔，英文名 David Copperfield，原名大卫·科特金，出生于美国新泽西州一个俄罗斯移民的家庭，被誉为20世纪最伟大的魔术师，人们称他为"现代魔术的先驱""世界魔术的奇才""不可逾越的梦幻巨人"。大卫以天才的想象力创作演出了一系列巨型魔术，如让自由女神像在现场和电视机前的上千万观众面前消失，让自己漂浮在科罗拉多大峡谷上空实现空中行走，从戒备森严的奥尔卡塔兹监狱里逃走，从一栋正在爆炸的大楼里安全脱身，不借助绳索和摄影技巧在空中飞翔等等。而在他众多惊人的魔术中，最吸引中国人眼球的则莫过于1986年大卫给大家带来的"穿越长城"的魔术表演。

　　长城，在中国人心中有着非同一般的地位和意义，它是中国人民智慧的结晶，是中国历史文化的代表。那一年，一位叫大卫的外国人，居然在众目睽睽之下穿越了长城；那一年，无数中国人在惊奇之余，更多的是不甘和不情愿。就像是心中的一点秘密被外人窥探了（自古对"穿墙"的艰难探索，居然让一个外国人貌似轻松地做到了），抑或是自己一直奉为"神圣"之物被他人触摸了。你穿越什么不好，干吗偏偏要穿越长城？那种情节复杂而纠结。于是，那一年是掀起"揭秘大卫魔术"热的一年，人们对"揭秘"的热情远远盖过了对大卫魔术的喜爱之情。很快，人们的智慧再次闪现出耀眼的光芒——魔术师是不可能采用钻洞或挖墙来达到穿越长城的神奇效果的，唯一可能采取的方法只能

神奇 DE
量子和量子通信

是障眼法……

那一年,即使你并没有弄清楚大卫具体是如何采用障眼法的也没有关系,你只要能在众人谈论大卫穿越长城之时,时不时大声地插上一句:"那是假的!"语气一定要坚定,眼神一定要犀利,你就绝对会赢得众人肯定和赞许的目光。

那一年,虽然大卫的魔术和众人的揭秘掀起了一波又一波的浪潮,但当热情退去后,人们仍不免有些失落,因为"穿越"被"那是假的"的一句话又推得遥遥无期。

《星际迷航》的"发送我吧,苏格兰人"

又过了好些年,"穿墙",从实际操作上来说,仍未打破僵局。

茶余饭后,无论是"穿墙"还是"穿越长城"(实质都差不多)都已经很难再从各种闲谈中听到了,取而代之的是更多新奇的事情,就好像"穿墙"这一想法从来

就没在人们脑海中萌生过似的。但如果你真这么认为，那你就大错特错了。就如院子里的狗狗，当它在做尽各种尝试仍然无法够到窗台上的香肠时，它也不会死盯着香肠不放的。是嘛，生活还得继续啊，够不到那里，还有很多可以够得到的东西可以先尝尝嘛。可是，如果你以为它会就此忘记了香肠的话，那你就太不了解狗狗了——无论是微风还是别的什么，只要让香肠动一动，狗狗就会立马机敏地看过去，是的，它从来都不曾忘记那里的梦想，即使暂时够不着，对"够到香肠"的想象也从来就没有停止过。而对于"穿墙"这一古老的追求和梦想来说也是一样的，正如我先前说的那样，现在只是从"实际操作上陷入了僵局"，加上对暂时无法做到的事情继续保持高度的热情和关注，又是一般人做不到的。表面上看来，好像人们已经不关注这件事情了，可事实上，平静的表面下却波涛汹涌——最原始的"穿墙"插着想象的翅膀越飞越远。于是，那一年，"穿"是重点，至于穿过了什么，全凭想象。被穿的对象——"墙"，已经被无限地放大，从房屋、大山，到宇宙、空间,甚至再到时间,真所谓"没有穿不了,只有想不到",谁叫想象没有边际呢。那是"穿越"的一年。

当现实受阻的时候,想象更显活力。"穿越"类的科幻电影不断兴起,在众多科幻大师和导演们的极尽渲染下,吸引了越来越多人的眼球。先不说曾经的一部科幻惊悚电影《变蝇人》中,男主角布朗多·赛斯自己发明了一个时空传送装置,能够成功地将一个物体从一个传送室穿越到另一个地方在当时是如何吊足了人们的胃口,单单提另外一部电影的名字——《星际迷航》,你就一定会眼露兴奋之光。是的,这是一部家喻户晓的科幻电影,其华丽的场景、宏大的气势自不必说,而最令人印象深刻的则是远距穿越的惊人情景贯穿电影始终——宇航员在特殊装置中平静地说一句"发送我吧,苏格兰人",他就会被瞬间转移到外星球。

当然，文学艺术总是源于生活而高于生活的，科幻电影中的情节自然也适用于这一规律。正当众人大脑深处埋藏的某颗种子又"蠢蠢欲动"之时，专家适时地站了出来，预言：传送器要等到22世纪才能发明出来。就好像一阵微风吹动香肠，正当狗狗跃跃欲试的时候，你站出来告诉它，这只是一阵微风，香肠是掉不下来的一样。

　　不过，尽管想要看到《星际迷航》中"发送我吧，苏格兰人"这样的场景，我们还得等上若干年，但我却可以悄悄地告诉你一个好消息——暂时的僵局总会被打破的，前进的脚步总是会向前迈进的。为什么？因为"量子通信"！等你上了些年纪，也要给别人讲"穿墙术"的发展史的时候，你就可以说：那一年，是"量子通信"的一年。

第一章　那一年的事情

第二章 通信

如今,人们想穿越的早已不再是具体的哪一堵石墙或土墙,"墙"在某种程度上来说已经化为一种符号,一种表示着"这里需要突破"的符号。人们也不再仅仅

只是想让自己穿过墙去一探另一侧的究竟,而是希望传送更多的东西,希望快速、安全、便捷地将各种各样的信息从这里传送到指定的地点。一个看似简单的"传送"取代了

最为原始的"穿越",说不定某年某月的某一天,人类就将带着自己的喜悦、痛苦,甚至是提着豆浆、咬着油条,抑或是打着喷嚏就被瞬间传输到了遥远的另一侧。而量子物理学的发展,无疑正一步步为人类铺就着这样一条从幻想通往现实的道路。简单说来,"穿越"也好,"传送"也罢,其所处的僵局已被渐渐打破,虽然离传送人来说还相距甚远,但这绝对可以表示人类又向自己的梦想迈进了一大步。这一大步靠的不是传说,也不是魔术,更不是科幻,而是科学,是近20年来发展起来的新型交叉学科——量子通信。

人类想要实现瞬间的空间转移,那无疑也是高等又复杂的问题。既然想要了解如何传送一个人太困难,就让我们先从简单的东西开始了解吧,比如传一封信或者发送一段话什么的,也就是平时所说的通信。

古代通信

对于通信,你肯定并不陌生。所谓通信,就是指发

送者通过某种媒介以某种特定的格式将需要传递的信息传递给收信者。那么,在古代,古人们是如何实现互通信息的呢?

当我们庞大的身躯还无法实现穿越的时候,闭上你的眼睛,就让我们的想象先代替我们穿越到很久很久以前吧。

瞧,那高高的烽火台上,周幽王正搀扶着褒姒一步步向上走去。两人极目四望,迎风远眺,真是惬意无比。

见褒姒兴致颇高,周幽王下令让人点燃了烽火——一股狼烟,直冲云霄,煞是壮观。不一会儿的工夫,只见烽火台下由远及近腾起了滚滚烟尘,各路诸侯心急火燎地纷纷向烽火台汇集。

见各诸侯上当,褒姒展颜一笑。幽王见褒姒终露笑颜,自己也笑得前仰后合。

当将官上前问道:"大王,可是有敌人来犯?"

周幽王更是笑得上气不接下气,说道:"寡人和你们开玩笑哩,你们还当真了。"

众人异常恼怒,但碍于他是大王,不好发作,只好愤愤地领兵退去。

后来,当大军真的来袭,周幽王急忙又点燃了烽火。可有了前一次被骗的教训,各路诸侯谁也没有来救援……

这即是大家熟悉的"为博美人一笑,周幽王烽火戏诸侯"的故事。可话又说回来,为什么诸侯们一看见燃起的烽火就会立即跟得到了命令似的飞奔前来呢?难道这如今看来再平常不过的烟火有什么特殊的意义?原来,在那个时候,烽火就是一种通信的方式,在烽火台上点燃烽火,就意味着有敌军来袭,需要附近的官兵前来救援。

不过,历史的教训也再次告诫我们,说谎,可是要付出代价的,"狼来了"的玩笑可不是能够随便开的。

看了周幽王的烽火,我们再来听听"四面楚歌"。

相传,秦末汉初的垓下之战中,韩信以"十面埋伏"之计团团围住了项羽的军队。为了彻底动摇和瓦解楚军的军心,韩信派人用牛皮制成风筝,上敷竹笛,在夜

第二章 通信

晚放到高空,风吹竹笛发出凄凉的声音,汉军便随着笛声唱起了楚国的民歌。楚军听到了乡音,纷纷想念起故乡来,以致人心不稳,斗志涣散。结果,楚霸王败退乌江边上,拔剑自刎了。这就是"四面楚歌"的故事。

此外,宋朝的《事物纪原》中还记载有韩信曾利用风筝测量距离之事。而有关通过风筝传送信息的记载也并非罕事。可见,那时的风筝并不是以娱乐为主的,而是多用于军事、通信和气象等方面。因此,风筝在古代也算是一种特别的通信工具。

看过了风筝,你再看看那是什么?忽闪忽闪着橘红色的光,晃晃悠悠在空中飞升,乍一看好像灯笼,可细看吧,还真不是灯笼。

你可先别急着下结论,再仔细想想。总之,那肯定不是你想的什么"UFO"——你那个夸张的嘴型,早就告诉我你想说什么了。其实吧,这个东西你是见过的,说不定你还亲自放飞过。每逢过年过节的时候,或者是在人们想许愿的时候,人们往往会将自己的美好祝福写满灯罩,然后虔诚地轻轻托起,直到整个灯体飞升

第二章 通信

而去。对,就像你这样,带着满意的微笑,目送远去的灯,露出对未来无限的憧憬,仿佛你的心愿离九天诸神近了,更近了……

"Stop",就此打住。现在可不是让你合掌许愿的时候,我是想要告诉你,这美妙的灯,其实就是孔明灯。

孔明灯又叫天灯,据说是三国时的诸葛孔明所发明的。不过,诸葛孔明发明这个灯可不是用来许愿而是用来救命的。相传,当年诸葛孔明被司马懿围困在平阳,且无法派兵出城寻求救援。冥思苦想之下,孔明最终制成会飘浮的纸灯笼,系上求救的信息,在算准风向后,将其放飞。纸灯笼果然不负所望,传出了孔明等人的求救信息,孔明一干人等终于得救脱险,于是后世就称这种会飘浮的纸灯笼为孔明灯。另一种说法则是这种灯笼的外形像诸葛孔明戴的帽子,因而得名。

　　这里我们就不用纠缠于名字是怎样得来的了,我们需要关注的是:在古代,孔明灯的确是一种极富创意且非常重要的通信工具,可不能随便乱放哦。即使是现在,孔明灯也不是能随时、随地、随意燃放的,稍有不慎,极易引起火灾。我想,那应该不会是你许下的愿望吧?

　　除了烽火狼烟、风筝、孔明灯以外,古人的通信方式还有很多,如飞鸽传书、击鼓传声、符号、驿马邮递、竹简、纸书、手势、肢体语言、模仿动物的叫声等,这些都无不闪现着古人们的智慧之光。现在还有一些国家的个别原始部落,仍然保留着诸如击鼓鸣号这样古老的通信方式。而在现代社会中,交通警察的指挥手语、航海中的旗语等也是古老通信方式进一步发展的结果。

　　古代的各种通信方式,要么是广播式的,要么是可看见、没有连接的,或者多对一,或者一对一,又或者一对多,但不管怎样,都符合了现代通信信息传递的要

求。当然,在古代众多
的通信方式中,信件在
较长的历史时期内,任
然是人们传递信息的主
要方式。1661 年,英国
的亨利·比绍普创制和
使用了第一个有日期的
邮戳;1840 年 5 月 6 日,

英国发行了世界上第一枚邮票——"一便士黑票"。这
些无疑都是通信不断发展的结果。

总结起来,古代通信主要是利用自然界的基本规
律和人的基础感官,如视觉、听觉等的可达性来建立通
信系统,这是人类基于需求的最原始的通信方式。

电报、电话的发明开启了通信的新时代

随着社会的进步,科技的发展,原始的通信方式显
然已经远远无法满足人们的实际需要。19 世纪中叶

以后，随着电磁波的发现，电报、电话的发明，人类通信领域产生了根本性的巨大变革。利用金属导线传递信息以及利用电磁波进行无线通信的实现，使人类的信息传递突破了人类常规的视觉、听觉能力的限制，使神话中的"顺风耳""千里眼"变成了现实。而利用电和磁的技术来实现通信的目的，用电信号作为新的载体，则是这一时期新通信的标志，它开启了人类通信的新时代。说得具体一些，即是电报、电话的发明，开启了通信的新时代。

电报的发明

当人们把电作为信息的载体后，人类的通信就发生了革命性的变化。

1753 年 2 月 17 日，有人以 C. M 的署名在《苏格兰人》杂志上发表了一封书信，信中，作者大胆设想——要用电流来进行通信。当时，在各方面条件都不十分成熟且缺乏应用推广的经济环境的情况下，这样的设想不得不冠以"大胆"两个字。然而，也正是这样的

第二章 通信

"大胆",才使得人们提前看到了电信时代的一缕曙光。

在曙光的照耀下,人们尝试着各种的努力。1793年,法国查佩兄弟俩在巴黎和里尔之间架设了一条长230千米的以接力方式传送信息的托架式线路。这一通信系统由16个信号塔组成,信号员在信号机下面通过绳子和滑轮,操纵支架的不同角度,来表示各种信息。当时,法国和奥地利正在对战,该信号系统只用了1个小时就把法军从奥军手中夺取埃斯河畔孔代的胜利消息传到了巴黎。此后,比利时、荷兰、意大利、德国及俄国等也先后建立了这样的通信系统。据说查佩兄弟俩是最早使用"电报"这个词的人。

探索的脚步永不停歇,可前进的道路却铺满荆棘。接下来的日子里,虽然有俄国外交家希林在当时著名物理学家奥斯特电磁感应理论的启发下,于1832年制作出了用电流计指针偏转来接收信息的电报机,又有英国青年库克在1837年6月,获得了第一个电报发明专利权,并将其制作的电报机首先应用在了铁路上,但是,由于多种原因的限制,这些发明都没有能够投入真正的实用阶段。

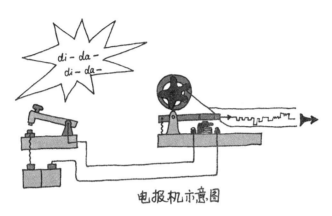

电报机示意图

时间在这一刻仿佛也倦怠不前了,所有的工作都好似陷入僵局之中。难道,探索的道路就到此为止了吗?绝对不是,这所有的停顿,不过是为了让人们在惊喜即将到来之前调整好呼吸,因为一位重要的人物即将出场,他就是塞缪乐·莫尔斯(Samuel Morse)。

1832 年的一天,美国医生杰克逊正在一艘在大西洋中航行的邮船上,给旅客们讲解电磁铁的原理,旅客中 41 岁的美国雕塑家、画家、科学爱好者塞缪乐·莫尔斯被深深地吸引住了,他凭着艺术家特有的敏感,对这种新生的技术发生了浓厚的兴趣。

法国当时的信号机体系只能传倍数英里(1 英里

≈1.61千米),而莫尔斯则梦想着用电流传输电磁信号,以便能在瞬息之间就把消息传送到数千英里之外。虽然莫尔斯在其后也进行了大量的研究和尝试,但如何把电报和人类的语言连接起来,仍然是摆在莫尔斯面前的一大难题。曾经,在灵光乍现的一瞬间,莫尔斯在笔记本上记下过这样一段话:"电流是神速的,如果它能够不停地走十英里,我就让它走遍全世界。电流只要停止片刻,就会出现火花,火花是一种符号,没有火花是另一种符号,没有火花的时间长又是一种符号。这里有三种符号可组合起来,代表数字和字母。它们可以构成字母,文字就可以通过导线传送了。这样,能够把消息传到远处的崭新工具就可以实现了!"

虽然看上去这只是一段简单的话,甚至可以看作是莫尔斯在没有办法时的无奈之举。可事实上,这竟是一颗神奇种子萌发的幼芽。随着幼芽的不断生长,莫尔斯的这一伟大思想也逐渐成熟。终于,莫尔斯在1837年,利用电流的"通""断"和"长断"表示"点""划"和"间隔",并利用它们的不同组合来表示字母、

数字、标点和符
号,以达到信息传
送的目的,这即是
赫赫有名的莫尔

用莫尔斯码表示的
国际求救信号:
"SOS"。

斯电码,也是电信史上最早的编码。直到今天,莫尔斯
电码仍在普遍使用着。

1843年,莫尔斯获得了3万美元的资助,他用这笔
钱建成了从华盛顿到巴尔的摩的电报线路,全长64.4
千米。1844年5月24日,在华盛顿座无虚席的国会大
厦联邦最高法院会议厅里,莫尔斯用他那激动得有些
颤抖的双手,操纵着他倾十余年心血研制成功的电报
机,随着一连串的"点""划"信号的发出,远在64.4千
米外的巴尔的摩城在"嘀""嗒"声中,收到了人类历史
上的第一份电报:"上帝创造了何等的奇迹!"

这确实是一个奇迹,电报的发明,拉开了电信时代
的序幕,开创了人类利用电来传递信息的新纪元。从
此,信息的传递速度有了极大的提高。试想一下,就发
报时那"嘀嗒"一响的瞬间,电报就可以载着你美好的

第二章 通信

愿望——比如你今天晚上想要来一份美味的牛排——绕地球走上 7 圈半。如此神速,这在以往的通信方式中,无论是快马加鞭也好,飞鸽传书也罢,都是望尘莫及的。

说到这里,不得不提一个关于电报的有趣的小故事:电报刚发明那会儿在公众中还没有普及,在 1850 年 8 月,约翰和雅各布·布雷特兄弟俩在法国的格里斯 - 奈兹海角和英国的李塞兰海角之间的公海里铺设了第一条海缆用于电报传送。但是,海缆铺好后却只发了几份电报就断了。原来,有个渔夫在捕鱼时无意

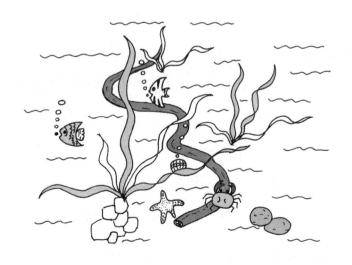

间用拖网钩起了一段电缆。渔夫没有见过电缆,将其误以为是一种从没见过的海草,并准备截下一段以便向他人展示这种稀奇的"海草"标本。可当渔夫截断电缆时,他惊呆了,用渔夫的话说就是:噢,天哪,里面竟然装满了金子!

电话的发明

电报发明后,人类的生活发生了很大的变化,人与人之间的沟通变得更加方便和快捷了。但是,探索就如登山一样,当你到达一座山的顶峰之后,你会发现前面还有更多的顶峰等着你去攀登。于是,有一群人就开始思考这样一个问题:电报虽然提高了信息的传递速度,但它总归还是不够直接,而是需要编码来辅助完成的,有没有一种更为直接、便捷的方式,比如直接就将人说话的声音传递出去,来达到传递信息的目的呢?这群人中,最为杰出的代表即是电话的发明人——贝尔。

贝尔生于 1847 年,原是苏格兰人,24 岁时移居美

国,不久加入美国籍。1873 年,已是波士顿大学语言生理学教授的贝尔,企图通过一根电报线来同时传递几个信息。他的设想虽然得到了他的妻子和岳父的支持,但也受到许多朋友的质疑。那时电报刚刚兴起,以现在的话来说就是绝对的"热门专业",因此,贝尔的许多朋友都希望他能够钻研电报术,而不是另辟蹊径。贝尔却不以为然,因为在他心中,早已经有了一个明确的追求目标——完成人声传递的工作。

在经历过无数次的尝试、失败,再尝试、再失败之后,上帝终于开始眷顾这位不畏艰辛、刻苦钻研的年轻人了。有一天,贝尔的助手托马斯·沃森正在摆弄贝尔设计的装置上被夹住了的芦苇,而隔壁的贝尔却从导线上听到了邻室传来的拨动的弦音。他深受启发,并开展了进一步的试验。这期间,困难无处不在,可贝尔从不轻言放弃。他虚心好学,多次向赫尔姆霍茨、约瑟夫·亨利、爱迪生等著名科学家请教。1876 年 3 月10 日,贝尔在送话机前喊道:"沃森先生,请过来! 我有事找你!"在实验室里的沃森听到声音,就像疯了一样,欢呼雀跃地奔出实验室,奔向贝尔喊话的房间。他一边跑,一边大叫:"我听到了贝尔在叫我!我听到了贝尔在叫我……"

就这样,人类有了最初的电话,也掀开了人类交往史的崭新一页。1877 年,第一份用电话发出的新闻电信稿被发送到波士顿《世界报》,标志着电话已为公众所采用。

电信科技在中国

在西方电信科技的发展呈现出日新月异之势的时候,中国的电信科技发展状况又如何呢?总不会还在点狼烟,放鸽子吧?当然不会,虽然那时的中国曾深陷战争的泥潭,虽然那时的中国曾政治制度腐败,经济、技术落后,但历史前进的车轮是任何力量都无法阻挡的。

鸦片战争后,西方列强在中国大肆掠夺土地和财富,但同时也将新兴的邮政和电信带到了中国。1900年,我国第一部市内电话在南京问世;1904—1905年,俄国在烟台至牛庄架设了无线电台。中国古老的驿马邮递和传统的通信机构被先进的邮政和电信逐步替代。

再后来,连年战乱,使刚有起色的新兴的通信设施又遭到严重破坏。特别是在抗战时期,日本帝国主义更是企图通过在技术、设备、维修、管理等方面对中国的通信事业进行控制,从而达到长期统治中国的目的。

新中国成立以前,中国电信系统发展非常缓慢,到1949年,中国电话的普及率仅为0.05%,电话用户只有26万。

新中国成立以后,中央人民政府迅速恢复和发展通信,1958年建起来的北京电报大楼就是新中国通信发展史的一个重要里程碑。然而好景不长,长达10年的"文化大革命",使得我国刚刚发展起来的通信事业又一次遭受了毁灭性的打击。到1978年,全国电话普及率仅为0.38%,占世界1/5人口的中国拥有的话机总数还不到世界话机总数的1%。换句话说,就是每200人还分不到一部电话,比美国落后了差不多75年!大部分县城、农村仍在使用"摇把子",打个电话就像是从深井里打水上来一样,得使着劲儿摇半天,还不能保证每次都接通。即使在北京,打个长途电话也是相当不容易的。最形象的描述莫过于:在电报大楼打电话,你得带着午饭排队去。

改革开放后,我国落后的通信网络严重制约了我国经济的发展。中国政府看到这一境况后,从20世纪

第二章 通信

80 年代中期开始,加快了基础电信设施的建设。2013 年第三季度,中国电话用户就达到 14.77 亿户,其中,移动电话用户超过 12 亿户。

通信的现在和未来

纵观历史,人类的通信方式从古代基于需求的最原始的通信方式到采用类似"数字"的表达方式传送信息的电报,再到以模拟信号传输信息的电话,古今中外,多少人曾经为了更快、更好地传递信息而付出了不懈的努力。在电信发展的 100 多年时间里,继电报、电话之后,集成电路的生产和光纤的应用,又对通信系统的发展起了非常重要的促进作用。网络、视频通话等多种现代通信方式的兴起,更加缩短了人与人之间的距离,适应了当今社会高效率发展的需求,提高了经济效益,深刻地改变了人们的生活方式和社会交往方式。

展望通信发展的未来,人们开始梦想着开发出像光速那样,甚至是比光速还要快的通信方式。这样的通信方式能让信息的传递不再通过信息载体——如电磁波——就能直接传输,也不会再受到通信双方在时间与空间上的限制,更不会出现延时传送的情况,那将是一种真正意义上的实时通信。

科学家们现在正在试图利用量子非效应或量子效应来实现这种真正意义上的实时通信,而这样的通信方式即是"量子通信"。

现在,当你再仔细看着"量子"两个字的时候,你还会纠结要不要看下去吗?我想,你一定早已拿定了主

意——就让我像爱丽丝跟着兔子梦游仙境一样,也跟着兔子来一趟属于自己的"量子通信之旅"吧。

"兔子",你刚才好像提到了"兔子",是说我吗?哈,没关系,只要你愿意,我很乐意扮演兔子。下面就让我们开始旅程吧!顺带说一句,别忘了带点胡萝卜,我现在可是兔子,可爱的兔子!

第三章　量　子

通过上一章对通信及其发展历史的回顾和了解，我们不难发现这样一个问题——无论什么通信，其关键并不在于"通信"，而在于那个"什么"。也就是说，"通信"其实表示的仅仅是事件的结果，即互通信息，而凭借什么方式、方法来实现互通信息，才是人们最为关心的事情。因此，对于量子通信来说，要想对它有一个更加全面、清晰的认识，我们还得先从通信的方式——量子上入手。

什么是量子？量子及其理论是在怎样的情况下产生的？量子对物理学的发展和对人类社会的发展有什么重要的意义？量子在量子通信中又究竟扮演着怎样

的角色？这些都将是我们接下来的旅程中的一道道亮丽的风景。

话说物理学是一门古老的科学，它老到几乎可以和人类的起源媲美。而物理学的发展史，则更像一个布满了画卷的长廊，引人入胜，让你完全停不了沿长廊走下去的脚步。越是走到长廊深处，画卷就越是壮丽雄奇，令人叹为观止、流连忘返。若说早期物理学的发展似一条涓涓小溪，蜿蜒曲折，迂回向前，那么近代物理学的发展就如滚滚长江，气势磅礴，气象万千。而20世纪以来兴起的量子理论的发展史，则如同一部壮丽的史诗，即使将其称为整个物理发展史上最激动人心的篇章也不为过。如今，已有越来越多的人认识到经典物理只是量子理论在宏观条件下的近似或者特例，而量子理论才是更深入、更能反映自然界本质和演化规律的科学理论。

在量子物理学的世界里，群星闪耀。那些闪闪发光的名字，如普朗克、爱因斯坦、玻尔、德布罗意、薛定谔、海森堡、泡利、狄拉克……无论叫出哪一个，都如雷贯耳。这些物理学中的泰斗们，齐聚于量子世界，可我们却很难像以前将经典力学归功于牛顿、将电磁学归功于麦克斯韦，将相对论归功于爱因斯坦那样将量子物理归功于哪一位物理大家。回顾量子物理的发展史，我们看到的是尽管这些物理界明星们对内，要与自己进行激烈的思想斗争；对外，要抵抗来自外界的种种压力；同时，他们凭着历来就具有的为了得到真理、不怕打破固有传统观念的束缚以及推翻前人理论的勇气，付出了各种艰辛和努力，可谁也没有能够完全把握住量子物理，而最终也只能在量子物理的发展史上居于一隅。量子物理学的博大精深和在物理学中的重要地位，由此窥见一斑。

那么，量子物理到底是在怎样的情况下诞生的呢？我们还得从 19 世纪末、20 世纪初物理大厦上空中的那朵乌云说起。

普朗克与"紫外灾难"

19 世纪末,物理学界里的多数人都认为物理学的大厦已经建立起来了,后辈们所要做的仅仅是在现有基础上的一些"修补"。他们常常或闻着鲜花,或晒着太阳,或品着红酒,面带微笑,用一种略显自豪的语调谈论着 17 世纪建立起来的力学体系和 19 世纪建立起来的电磁学、热力学以及统计物理。这样愉悦而"晴朗"的氛围一直持续到物理大厦上空"两朵乌云"的出现。

所谓"两朵乌云",一朵是指迈克尔孙 – 莫雷的实验结果和以太漂移说相矛盾,我们后来常常将其简称为"以太飘移";另一朵则是指观测到的物质的比热①总是低于经典物理学中能量均分定理给出的值,其中特别突出的又表现在黑体(一种在任何温度下都能全

---

① 比热,比热容的简称。

43

部吸收达到其上的一切辐射的理想吸收体)辐射理论中的"紫外灾难"。

19 世纪的最后一天,当新世纪的钟声即将敲响之前,欧洲众多著名的物理学家们欢聚一堂。其间,英国著名的物理学家汤姆生在发表新年贺词时回顾了之前物理学一路走来的各种艰辛和取得的伟大成果,并似乎有意回避了"乌云"的存在,而仍然欣喜地总结说"物理大厦已经落成,所剩下的工作仅仅是一些修修补补的小细节罢了"。只是,大家都明白,这样乐观的言辞和欣喜的情绪,更多地是为了配合当时新年的快乐气氛,"乌云"并不会因为新年的到来就烟消云散,相反,它给大家带来的新年礼物却是无尽的疑惑和忧心。它的存在不容忽视,因为看似小小的乌云却正在酝酿着 20 世纪物理学中的一场大风暴——"以太漂移"促使了相对论的诞生,而"紫外灾难"则打开了量子物理学的大门。在这里,我们主要关注的就是"紫外灾难"。

何谓"紫外灾难"? 19 世纪的时候,由于冶金以及照明设备制造等的需要,人们需要弄清楚黑体辐射强度和辐射频率之间的关系。1900 年,一位叫瑞利的物理学家首先根据经典统计力学得出了一个公式;5 年以后,另一位物理学家金斯又对瑞利公式中的一个错误数值作了修正。这样一来,大家为了纪念两位科学家作出的努力,便将修正后的公式称为了"瑞利－金斯公式"。

从当时经典物理理论的角度出发,瑞利－金斯公式是合理而没有错误的,可是若从实验观察的角度出发,公式计算所推导出的结果却与之不符——瑞利－金斯公式在频率较低的部分和实验相符得很好,但是到了高频部分,即相当于紫外线频率部分,公式推导的结果是会产生无限大的能量,这就与实验现象相差甚远。针对当时经典物理遇到的这一窘境,奥地利物理学家保罗·艾伦费斯特后来便将其命名为"紫外灾难"。

值得庆幸的是,几乎在同一时期,当在经典物理的道路上遇到阻碍而难以前行的时候,生于德国的物理学家马克斯·普朗克却率先走上了另一条极富创新性

第三章 量子

且后来被证实是非常正确的一条路。

从 1894 年开始,普朗克就对黑体辐射问题进行了研究,并开展了一系列与之相关的实验。1899 年,当普朗克以为当时另一位叫维恩的物理学家推导出的辐射定律是正确的时候,却被德国物理学家鲁本斯等人告知维恩定律在长波部分同实验不符。因此,普朗克只得将自己的理论作了相应的修改。到了 1900 年 10 月,在鲁本斯夫妇对他的一次访问中,普朗克又得知自己的实验结果同当时瑞利的辐射定律在长波部分相吻合。普朗克敏锐地抓住了这一关键点,立即又对自己的理论展开了修正。最终,他得到了一个无论是在长波部分,还是在短波部分,都与实验结果完全相符的辐射定律。

但是,这一定律的得出却存在一个问题,即普朗克的辐射公式是为了与实验数据相符而根据实验数据硬凑出来的一个半经验定律,它缺少一个合理的理论支撑,也就是从经典物理的角度,根本无法给出一个合适的理论解释。为了解决这一问题,普朗克进行了各种可能的尝试,但最终却得出一个略显无奈的结果:若想对普朗克的辐射公式作出合理的理论解释,经典物理的理论看来是不够用了,唯一能做的就是给出"假设"——假设物体在发射辐射和吸收辐射时,能量不是连续变化的,而是以一定数量值的整数倍跳跃式的变化的。说得更详细一点,就是普朗克认为物质辐射或吸收的能量不是无限可分的,而是有一个最小的单元,这个最小的、不可再分的能量单元即为"量子"。

1900 年 12 月 14 日,这是一个重要的日子。普朗克向德国物理学会报告了他的这一极富创新意义的、大胆的假设,这也标志着 20 世纪物理界的新宠——量子诞生了!

爱因斯坦与光量子

　　量子并不是一出生就受到众人宠爱的。在经典物理几近完美的年代里，一个与经典物理相差甚远的新事物的出现很难被大家接受。就连普朗克自己都没有意识到自己的这一发现在物理学的发展中有着多么重要的意义。他开始觉得自己当初的大胆行为欠考虑而显得有些冒失，他甚至在写给伍德的信中将自己引入量子的行为解释为是当时不得已的"绝望之举"。随后的日子里，普朗克又重新回到了经典物理的道路上，企图要不惜余力地寻找到适合自己辐射公式的经典物理理论解释。

　　眼看着新生的量子就要夭折，一位巨人却适时出现，力挽狂澜。他首先意识到了量子概念的普遍意义和重要性，并将其运用到了其他的问题上，他就是阿尔伯特·爱因斯坦。

　　爱因斯坦认为光本身就是由不连续的、一粒一粒的光量子组成,每一个光量子的能量与光的强度无关,而与光的频率有关。这样一来,好像牛顿又高举着他曾经处于劣势的光的微粒说(当时,光的波动性理论占据了优势地位)的大旗站上了历史舞台。但是,只要你细心研究一下,你就不难发现,爱因斯坦并不是简单、片面地重新回到了光的粒子性的轨道上,而是将粒子性与波动性巧妙地结合了起来——他认为粒子性和波动性各自表现了光的本质的一个侧面,光在瞬时的涨落现象中表现为粒子,而在统计的平均现象中却又表现为波动——光不仅具有粒子性,而且具有波动性,是粒子性与波动性的结合体,即光具有"波粒二象性"。

这一现象的提出,是人类认识自然界的历史上第一次揭示了微观客体的波动性和粒子性的辩证统一。由于爱因斯坦的工作,使量子论在提出之后的最初10年里得以进一步

发展。

玻尔与量子化的原子结构理论

随着量子理论的提出和发展,量子理论对用经典物理理论难以圆满解释的一些物理现象有了更加合理的解释,如在原子结构方面,当时的人们就开始有了更新、更进一步的认识。

想当初,J. J. 汤姆孙 1903 年提出的"葡萄干面包"[①]打开了人们的胃口,引起了人们对原子结构探寻的极大热情。但是很快,这一原子结构模型就被认为是有缺陷而与实验不符的。于是,1911 年,汤姆孙的学生卢瑟福在其 α 粒子散射实验[②]的基础上,提出了原子结构的有核模型。他认为,原子里面绝大部分都是空

① "葡萄干面包"是 1903 年 J. J. 汤姆孙提出的一种原子模型。他认为原子中的正电荷是均匀地分布在整个原子的球形体内,电子则均匀地分布在这些正电荷之间,就像葡萄干面包一样。

② 卢瑟福正是通过 α 粒子散射实验,推翻了汤姆孙提出来的"葡萄干面包"原子模型。

的,而在中间则有一个原子核,原子核外面的电子都在原子里面绕原子核旋转。乍一看,这一理论比起"葡萄干面包"来说要先进多了,并且也得到了实验的验证。但是,有一个理论上的困难却困扰了当时很多人——绕着原子核不停旋转的电子在不断改变速度的同时,也会向外辐射出电磁波,这样一来,电子就会不断地失去能量,最终导致电子撞向原子核。然而事实上,这一现象却并没有发生过。可见,既然实验已经证明卢瑟福的有核原子模型是正确的,那就只能说明一个问题:经典的物理理论已经无法满足解释这一现象的实际需

正电荷

电子

要。于是,量子理论被理所当然地推到了前沿阵地——1913年,28岁的尼尔斯·玻尔提出了他的量子化的原子结构理论,这一理论使得卢瑟福的有核原子模型迅速

地得到了科学界的公认。

尼尔斯·玻尔可是物理学界众多明星中的明星，在其后我们会谈到的他与爱因斯坦之间的举世闻名的"玻－爱之争"中，还将对其有更深刻的认识和了解，这里就让我们先看看他那量子化的原子结构理论。

玻尔认为原子中的核外电子只能在特定的圆轨道上运动，并且当电子在这些轨道上运行时，既不会发射能量，也不会吸收能量，而是处于一种稳定的状态，即玻尔所谓的"定态"。电子若从一个能量较高的轨道跃到一个能量较低的轨道，电子就会发射能量；反之，电子若从一个能量较低的轨道跃到一个能量较高的轨道，则会吸收能量。但是必须注意的是，电子只能在这些特定的轨道上运动，或在不同轨道之间跃动，而不能处在轨道之外的任何地方。这样，电子就不可能发生撞向原子核的情况了。

玻尔将他的量子化的原子结构模型运用到了当时已知的最简单的原子，即只有 1 个质子和 1 个电子的氢原子体系中。结果表明，他的这一原子结构模型无论是从理论上还是从定量上都能与氢原子发射出的光谱系列相吻合。玻尔如同在平静的湖面上扔进了一块很大的石头，物理学界一时间被震动了，许多物理学家纷纷展开了各种相关的研究。就像你某一天突然发现香肠加点奶酪很好吃以后，大家纷纷效仿，并且还开始了很多新的尝试，比如香肠加草莓酱或蓝莓酱什么的。总之，大家都有些激动而兴奋地接受了玻尔的量子化的原子结构模型。

然而，有一天，当某人在经过多种尝试后告诉你，香肠加草莓酱或者蓝莓酱其实并不好吃的时候，你一定会从一直沉浸的喜悦中冷静下来，然后开始新的思考。玻尔也是这样，因为他开始发现自己的理论只能用于氢原子这样的只有 1 个电子的原子，而面对复杂一些的原子光谱，其模型即使还能定性地给出相应的解释，但在定量上却与实验不相符，甚至对于像氦原子（有 2 个电子）这样的比氢原子略微复杂一点的原子来说，在定量上也难以给出很好的解释。历史上后来将玻尔量子化的原子结构模型及其以前的量子理论称为

了"旧量子论"。

旧总是与新相对应的,既然前人们将前一阶段的量子理论作了个总结,称其为"旧量子论",那此后发展起来的想必就是"新量子论"了。下面,让兔子带着你继续我们的量子之旅吧。

新量子论的建立

物理学前进的道路上,任何的困境都是暂时的,旧量子论的困境也不会例外。1923 年,一名叫德布罗意的法国物理学家受到爱因斯坦光量子论的启发,将波粒二象性运用到电子上,认为电子除了粒子性以外也应该具有波动性,从而打开了量子论发展的新局面。

此后,德布罗意关于电子也有波粒二象性的想法被实验证实,并且令人欢欣鼓舞的是人们在实验中还不断地发现原来除了电子以外,像质子、中子,甚至原子、分子等都具有波粒二象性。这就将波粒二象性推广为一切物质所具有的普遍的性质。这不得不说是人类在量子发展史上的一个里程碑式的认识——波粒二象性第一次揭示了物质既不是连续的，也不是不连续的，而是连续和不连续性质这样一种对立面的统一。

有了物质波概念的基础，1925—1926 年，奥地利著名物理学家、量子力学元老级人物之一的薛定谔率先成功地确立了电子的波动方程，抑或称为波动力学。薛定谔的波动力学是一种分析方法，它所依据的是当时人们已经熟悉了的微分方程，这就为量子理论找到了一个基本公式。

就在薛定谔正为他的薛定谔方程高兴不已的同时，海森堡于 1925 年抛弃了玻尔那看上去先进而诱人的电子轨道概念，转而用十足的数学知识——矩阵，创立了解决量子波动理论的矩阵力学。

于是，几乎是同一时间，在同一领域出现了两种都有效但形式上却完全不同的物理理论：一是薛定谔的波动力学，它强调连续性，基本概念是波动；另一种是海森堡的矩阵力学，它强调的是不连续性，基本概念是粒子。俗话说，一山不能容二虎，薛定谔就非常不喜欢

海森堡的那种看上去非常抽象的矩阵,两人之间隐隐的敌视不容小觑。而就在剑拔弩张之时,情况却来了个180°大转弯——波动力学与矩阵力学在数学上居然是完全相同的。于是众人思想上的争斗最终以喜剧的大团圆形式收场——人们将两种力学合称为了量子力学,大家和睦相处,共同前进。但是一般情况下,由于薛定谔的波动方程比海森堡的矩阵更易让人理解,因而最终被公认为是量子力学的基本方程。

玻恩和"概率波"

当薛定谔带着自己的波动力学与高举矩阵力学的海森堡握手言和、齐步前进的时候，貌似量子力学的大厦已经建立了起来。但是，不久人们就发现，很难给薛定谔的波动方程一个非常清楚的物理解释，因为大家都有些说不好薛定谔波动方程中的"波"究竟是什么？而如果像薛定谔自己所描述的那样，波是实在的，粒子是波的密集，即为"波包"，那么"波包"的数学表现形式——波函数就会随时间而扩展。换句话说，如果像电子这样的微粒是波的话，那么电子就会向各个方向扩展，这与粒子的稳定性就不符合。为了让薛定谔的波动方程在表述量子力学上更为方便、实用，爱因斯坦的好朋友——马克思·玻恩给出了很好的解决办法。

玻恩将一个非常简单的概念——概率引入到了薛定谔的波函数当中，让薛定谔的波动方程能够更加合理地反映所观察到的事实。玻恩认为，大家没有必要

去描述电子等微粒的运动方式,也没有必要深究电子等微粒的具体性质,而只要表示电子在某时某地出现的概率就可以了。这样做,就好比我们不再将电子出现的地方精确到某一点,而是将其模糊化、区域化,就像在某处立了一块标牌,上面写着:当心,此区域有电子出没。

玻恩的"概率波"的概念向大家传递了这样一个信息:虽然薛定谔方程在形式上是决定论的,但是在物理解释上却是概率论的,也就是说,量子规律是一种统计规律。在这样的规律基础上,1927年,沃纳·海森堡提出了有名的"测不准原理"。

海森堡的测不准原理

我们先来看一个有趣的实验——牛津大学计算实验室的皮特·莫里斯向大家提供了一个非常有意思的场景:现在,请你想象一下,你正准备给一个从你身边高速飞过的物体拍照,那么将会出现两种情况。一是你眼疾手快,物体飞过的瞬间,你就以迅雷不及掩耳之势非常神速地按下了快门,从而将物体定格了下来。在这张定格的照片中,你能够非常清楚地看见良好而清晰的物体形象,但是你却绝对无法从照片上得知物体具体是怎样在空中运动的。你只能猜测,该物体可能就是这样静止于空中,抑或是正以高速通过这一点。而另一种情况则是,不管物体以多快的速度飞过,你都不紧不慢、气定神闲,以较慢的速度按下快门拍摄出一张照片。在这一张照片上,你根本无法分辨出物体的具体形态,但是模糊的物体却展示出了它的运动情况。简言之,你若想看清楚物体,那你就不清楚物体的运动

第三章 量子

59

情况;你若想知道物体的运动情况,你就难以看清楚物体。

这一有趣的实验,正好生动、形象地描绘了海森堡的测不准原理。海森堡认为量子粒子具有成对的属性,人们无法同时测到绝对的细节,对物体的一个属性了解得越准确,对其另一个属性的测定就会越不准确。也就是说,你永远无法同时精确地测量一对共轭物理量,比如,你无法同时既测出一个粒子的准确位置,又测出该粒子的准确动量;要想准确测量其中的一个,另一个就将是不确定的。这即是海森堡测不准原理的精髓所在。

海森堡的测不准原理联合上玻恩的概率波概念,就为量子力学描绘的物理学奠定了基础。而几乎在同时,玻尔敏锐地意识到测不准原理正表现了

经典概念的局限性,于是,玻尔提出粒子所具有的相互矛盾的粒子性和波动性是互补的,两者同时存在,互为补充,无法在验证一种特性的同时保证另一种特性不受到干扰或破坏。这就是玻尔提出的"互补原理"。至此,海森堡和玻尔就分别从数学和哲学两个层面概括了"波粒二象性",向人们很好地展示了他们认为的"自然法则中存在着一种根本的随机性"的观点,使得量子理论成了一个完备的理论体系,而测不准原理和互补原理也被人们认为是正统的哥本哈根解释①的两大支柱。

---

① 哥本哈根解释主要是由玻尔和海森堡于 1927 年在哥本哈根合作研究时共同提出的。此解释延伸了由玻恩所提出的"概率波"的概念。

第四章　量子发展史中有趣的争论

　　就在量子理论的大船升起"测不准原理"和"互补原理"两大风帆,走上顺风顺水的发展道路时,让人意想不到的情况发生了。之所以让人意想不到,是因为有小部分以大家再熟悉不过的、总能在物理发展的历史舞台上扮演正面、积极角色的爱因斯坦为代表的人,包括薛定谔和德布罗意等,居然站在了不接受哥本哈根解释的位置上,并且向哥本哈根学派①及其相关理论发起了多次的质疑和挑战。下面,就请让兔子带你去见识一下那一个个让人热血沸腾的争论场面,保准精

---

　　① 哥本哈根学派是玻尔于1921年在成立了哥本哈根大学理论物理学研究所后建立的,重要成员有海森堡、泡利和狄拉克等年轻人。

彩的争论会让你感受到像坐摇摆海盗船那样忽左忽右的刺激。

上帝永远不会掷骰子

虽然爱因斯坦曾经一度是量子力学的催生者,他的努力也曾使得量子力学冲破阻碍,赢得了进一步发展的机会,但是爱因斯坦终究没能打破经典物理的桎梏,他在经典物理强大的影响下恪守"因果关系",从而站在了哥本哈根解释的对立面。

爱因斯坦等人认为,自然界的万事万物都应有其确定的因果关系,都是可以通过一定的方式方法来获得确定的相关信息的。目前量子力学之所以是一个统计理论,之所以要引入"概率"的概念,那是因为还有一些"隐变量"没有被发现。只要能够得到足够多的信息,找到那些"隐变量","概率"就将被确定的信息取代。就好比我们将硬币向上抛出,然后伸手接住,这时硬币的正面是朝向上方还是朝向下方看起来好像是随

机的,经过多次重复以后,可以统计出硬币正面向上和向下的概率应该各为 50% 。但是,我们之所以不能确定硬币正面的朝向,是因为我们对硬币从手上飞出去时的有关详细的信息不够了解。如果我们将硬币飞出手时的受力情况测量出来,就完全可以判断出硬币掉下来被接住后正面的朝向,因为硬币是绝对服从宏观的力学规律的。我们开始说硬币正面向上或向下有随机性,那只是因为我们或许没有必要精确地知道硬币最后具体的朝向,也或许是还没有获得足够多的信息来判断。

因此,在爱因斯坦等人看来,海森堡的测不准原理正好说明量子理论是一种不完备而有缺陷的理论体系。至于玻尔的互补原理,爱因斯坦等则更是认为那只是玻尔面对量子理论的不完备而采用的"权宜之计"。他们根本无法接受以玻尔和海森堡为代表的哥本哈根学派所持有的"随机性是客观物理世界的一个根本属性"的观点,也难以承认量子力学已经是一个完备的理论体系。终于,爱因斯坦用了一句极具宗教色

彩的话语来表达他对物理客观世界和量子力学的看法——上帝永远不会掷骰子！

当然，后来的历史证明，在微观世界中，不管你有没有必要想去清楚地知道什么，也不管你是否已经完全掌握了某件事物的所有相关信息，"随机性"都是必然的——上帝其实真会掷骰子！

能得出这样的结论，我们还得将其归功于"帮倒忙"的贝尔。至于这位贝尔是如何"帮倒忙"，从而将爱因斯坦陷于失败之境的，那且是后话。下面，我将先给你介绍一只非常出名、非常奇怪的猫——一只又死又活、非死非活的猫。

薛定谔的猫

我之所以会这样按捺不住地、心急火燎地想要立马向你介绍这只猫,绝对不是因为我本人对猫有什么特别的爱好和情感,而是因为在我当年学习量子物理那些略显枯燥、乏味,甚至有些艰辛的日子里,这只猫曾引起了我极大的兴趣,也激发了我想要进一步了解量子的斗志。在转过来、绕过去的各种物理解释中,在无数次被量子弄得晕头转向的时候,一只猫的出现总会缓解不少紧张、倦怠的情绪,何况还是这样一只带着一点神秘、一点诡异的,又死又活、非死非活的猫——薛定谔的猫。

想必从前面一路走来,薛定谔这个人你已经不再陌生了。是的,就是那个著名的、量子力学元老级人物之一的奥地利物理学家,他率先成功地确立了电子的波动方程,抑或称为波动力学,从而为量子理论找到了一个基本公式。但是,不知你还记不记得,他后来却和爱因斯坦站在一个阵营,想尽各种办法来挑战哥本哈根学派的相关理论。对这只猫,就让我们将其当作是薛定谔为了这场争论而研发出来的"超级生化武器"吧。

下面是"薛定谔的猫"的实验:

将一只猫关进一个完全封闭的盒子里面,盒子是连接在一个特殊的装置上的,盒子中还有一个原子核和释放毒气的装置。假设这个原子核有50%的可能会发生衰变,而衰变时将会放出一个粒子,粒子再触发毒气释放装置,释放出毒气杀死那只可怜的猫。

问题就出来了:在不打开盒子观察的情况下,你能知道这只猫是活着的还是死了的吗?

你可别在旁边捂着嘴偷笑。你是在笑这个问题如此简单呢,还是在笑你根本没想到你原以为有多么厉害的生化武器——薛定谔的猫——原来只是如此幼稚可笑的一个实验和问题呢? 是的,若我们从日常生活经验出发,我们很快就可以给出答复:这只猫要么是活的,要么是死的,就这两种可能。而至于是哪一种情况

呢,打开盒子看一眼就会知道啦。

薛定谔也是这样想的,正因为从几乎符合所有人的思维方式和习惯出发可以得到的结论是很明确的——猫非死即活,他才会大胆地向哥本哈根学派发起挑战。用薛定谔自己的话来说就是,他将用他这个"恶魔一样的装置",让人们闻之色变!我想具体说来,他是想用他这个实验让哥本哈根学派"闻之色变"吧。如前面我们所了解到的,哥本哈根学派将"概率"引进了薛定谔方程,那用哥本哈根学派的思想和理论来回答这个看似简单而确定的问题时,情况就大不一样了。

根据哥本哈根学派的观点,我们若从量子理论的角度出发,在没有打开盒子之前,盒子中的原子核就处于一种没有发生衰变和已经发生衰变的两种情况的"叠加态"中,这样,我们可怜的小猫就生死未卜,因为它也处在一种"活着"和"死了"的"叠加态"中,在这一状态下,猫又死又活、非死非活。

你又在捂着嘴偷笑了吗?我知道你在想什么:怎么会有这样诡异的结论啊,一只猫怎么可能处在"又死

又活、非死非活"的状态呢？量子理论给出的答案也太"科幻"啦。

这样一来,薛定谔就用他的"小猫实验"和据哥本哈根学派的思想推导出来的看似有悖常理的结论向众人展现了一个观点——若哥本哈根学派相关的量子理论成立,若他们对量子力学和薛定谔方程引进的"波函数"的"概率"的解释成立,那么,就会导致一只极其诡异、极其恐怖的,又死又活、非死非活的猫诞生。这无疑是一个佯谬。因此,"薛定谔的猫"又被大家称为

"薛定谔佯谬",即指薛定谔为了说明量子力学中的"叠加态"而设计的一个理想实验导致的佯谬。

说到这里,你一定开始了解薛定谔的良苦用心了吧。但是,你若凭借这一点就以为薛定谔在争论中会大获全胜的话,那你就太小看哥本哈根学派了,毕竟该学派中的很多人也是响当当的物理大家哦。既然薛定谔是为了反对量子力学中的"叠加态"而设计的实验,那下面我们就来看一看什么是"叠加态"。

就我们日常的生活经验而言,一个物体某一时刻,总会处在某一个确定的状态。比如你告诉狗狗说香肠在窗台上,或者说香肠不在窗台上,那么香肠是"在"还是"不在"窗台上,这两种可能性,必居其一。但是,在微观的量子世界中,香肠却可以处在一种所谓的"叠加态"的状态中,这一状态是不能确定的。假如在微观世界中,我们将电子想象成是其中的一种特殊的香肠,或者就叫"电子香肠"吧,那么"电子香肠"可能出现在地点 A,也可能出现在地点 B。而这里的地点 A 和地点 B 请你千万不要将其想象为一个准确的点,形象一点说,你可以将它们想象为"电子香肠"可能在其间某处出现的两个区域,如图 1 所示。

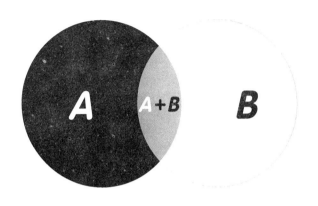

图 1

从图 1 我们可以看到,"电子香肠"可以出现在地点 A 中,也可以出现在地点 B 中,当"电子香肠"出现在"A"或"B",但却不位于"$A + B$"的区域时,我们可以说"电子香肠"在 A 处或说"电子香肠"在 B 处(这也就是一种所谓的"定态"),而当"电子香肠"处于"$A + B$"的区域时,我们则可以说"电子香肠"既在 A 处也不在 A 处,或者"电子香肠"既在 B 处也不在 B 处。那么这时我们先抛开香肠不说,只关注电子,我们就发现电子处在了一种"在"与"不在"这两种状态按一定概率相

叠加的状态中,因此,量子力学里就将这样一种状态称为了"叠加态"。

听到这里,你可能又要质疑了:香肠在不在窗台上,看一眼不就知道了吗? 至于电子,在 A 处还是不在 A 处,测量一下就知道了啊。听上去到是很有道理的,可微观世界相比宏观世界的不同也在这里——宏观世界中,在你去看之前,香肠在不在窗台上的状态是已经确定了的,它不会因为你的"看"或"不看"而发生位置的变化。在微观世界中却不是这样,在你测量之前,电子所处的位子并没有定论,而当你一旦开始测量,之前的那种不确定的"叠加态"就会瞬间发生变化,而"坍缩"于 A 处或不在 A 处。

是的,夸张一点地说,就是你看或不看那一眼的区别,整个世界都变了。够玄乎吧,呵呵,这也正是微观世界量子"叠加态"的奇妙之处。就好比狗狗看见香肠的时候并不知道香肠是好吃还是不好吃,要想知道香肠的味道,就只能亲自咬上一口。于是狗狗狠狠地咬了一口香肠(当然,它也可以不用狠狠地咬,主要是前

面提到香肠的时候狗狗都没有机会咬到,那这里就让它咬上一大口吧,哈哈),这下它立即就发现香肠是好吃还是不好吃了。但有一点值得注意的是,此时的香肠已经不再是原来的香肠了,因为咬的那一口已经改变了原来的香肠。

当满脑子的香肠、电子乱串,还时不时地跳出来一只既死又活的猫向你挥动爪子时,或许现在的你已经开始有点头晕了。不用担心。想当初,面对这样的情况,即使是在物理界中摸爬滚打多年的老手,也不免有抓狂的感觉。当今鼎鼎有名的物理大家——霍金,在面对"薛定谔的猫"的时候,都还曾有过想去拿枪将猫一枪打死而泄愤的冲动呢。

可不管怎么说,虽然宏观世界中,这只极其诡异、极其恐怖的,又死又活、非死非活的猫并不存在,但是

后来的许多实验却已经证实,在微观世界中,"叠加态"是确实存在的。而"叠加态"正是量子力学让我们不时感到头晕,不时感到神秘的根本原因,它也将是我们畅游神奇的"量子世界"的关键。

举世闻名的"玻 – 爱之争"

认识了"薛定谔的猫"以后,你是不是开始觉得"量子"其实还是很有趣的呢? 不管你信不信,反正我相信——这只猫给我带来了继续学习量子的勇气和力量。它诞生于物理学家们对真理的执着追求中,又消失在他们不断深入的争论里;它引导我走进了各位物理大家的争论,让我知道友善而合理的争论正是真理诞生的催产士。纵观历史,各个领域中的相关争论无时、无刻、无处不在,人们在争论中总结,在争论中前进。下面,就请继续跟随兔子的脚步,让我们看一看举世闻名的"玻 – 爱之争"吧。

爱因斯坦和玻尔都是头戴各种光环,被多种荣誉环绕的伟大的物理学家,他们对量子理论的发展都作出了巨大的贡献。爱因斯坦因为解决了光电效应的问题获得了 1921 年的诺贝尔物理学奖,而玻尔则凭着他那量子化的原子结构理论获得了 1922 年的诺贝尔物理学奖。然而,随着量子理论的不断深入发展,玻尔和爱因斯坦却逐渐站在了两个几乎对立的阵营里。玻尔成为哥本哈根学派的创始人和杰出代表,爱因斯坦则成为反对哥本哈根学派的主要领导人。

爱因斯坦因为受经典物理的局限,总是认为量子论是不完备且可以归于经典物理理论解释的。他提出了一个又一个的思想实验,为的就是想要证明量子理论的不完备性,甚至荒谬性。爱因斯坦的坚持,让他几乎在此后的有生之年里都在反对量子理论,他和玻尔的争论,也一直延续到其生命终止的那一刻。然而遗憾的是,直到现在,各种实验的结果好像并没有青睐于爱因斯坦,量子理论仍然在不断的争论中茁壮成长起来。

总结爱因斯坦反对量子理论的原因,主要有三点:

确定性、实在性和局域性。在他看来,一个完备的物理理论应该符合经典的哲学思想和因果观念,且必须满足确定性、实在性和局域性。前面我们提到的"上帝永远不会掷骰子",就是爱因斯坦反对量子理论不确定性时发出的看似颇具力量,但终究未能撼动量子理论的无奈的呐喊。

对于实在性而言,爱因斯坦则认为,物质世界的存在不会因为观察手段的不同或实施与否而发生改变。就像他曾向他的一位学生提出的一个问题那样:"月亮在无人看它的时候存在吗?"答案是显而易见的——月亮不论你看不看它,它都挂在天上,并不会因为你的看与不看而发生任何改变。可是前面我们就已经了解到,在量子世界里,正是"你看或不看那一眼的区别,整个世界都变了"。

至于局域性,这将在我们后来会讲到的量子通信的基础——"量子纠缠"里面再次较为详细地提到。简单说来,就是爱因斯坦认为在互相远离的两个地点,不可能有瞬间的超距作用发生,但量子理论却认为有这

第四章 量子发展史中有趣的争论

样的超距作用存在。爱因斯坦将其称为了"幽灵一般的远距作用"。

围绕这三个方面,爱因斯坦和玻尔进行了长达数十年的争论。在这数十年中,大小争论不断,爱因斯坦也因此几乎养成了质疑玻尔的习惯,他不断提出各种思想实验质疑玻尔的相关理论。很多时候,爱因斯坦的高调与强势都让人几乎以为玻尔会被打败了,但顽强的玻尔每次都能够化险为夷,最终挫败爱因斯坦一次又一次的进攻。不过我们不得不承认的是,面对爱因斯坦这样强势的"敌人",玻尔应付起来总还是难免会显得有些紧张,这也给玻尔带来了不小的困扰。

玻尔惊呆了

除去争论不谈,爱因斯坦和玻尔其实有着深厚的友谊。玻尔认为爱因斯坦是自己"许多新思想产生的源泉";爱因斯坦则高度称赞玻尔:"作为一位科学思想家,玻尔之所以有这么惊人的吸引力,在于他具有大胆和谨慎这两种品质的难得融合……"

玻尔在访问普林斯顿高等研究院的时候,其办公室正好就在爱因斯坦办公室的旁边。(实际上,玻尔的办公室本来就是分配给爱因斯坦的办公室,可"古灵精怪"的爱因斯坦却看上了他助理的那一间小一点的房间,认为那里更加适合他的思考和工作。)那个时候,正好碰上爱因斯坦的医生在坚决禁止爱因斯坦买烟抽。对于这样的禁止,爱因斯坦严格遵守——他从来不自己去买烟抽,但是他却"小聪明"地认为,到玻尔的办公室里偷拿点烟抽绝对是一个两全其美的办法。

　　一天,当爱因斯坦又蹑手蹑脚地偷偷走进玻尔的办公室时,玻尔不知道正被爱因斯坦提出的什么问题所困扰。他面对窗户,嘴里不断地喃喃自语:"爱因斯坦,爱因斯坦……爱因斯坦……"

　　就在爱因斯坦靠近玻尔的办公桌(玻尔的烟盒就放在办公桌上)正欲伸手拿烟的时候,玻尔突然以非常坚定的语气大声地说出:"爱因斯坦!"几乎在同时,他就转过了身来。这一转可把玻尔惊呆了——爱因斯坦,此时就正站在这里,就像是自己刚才念动了什么咒

语,爱因斯坦就神奇般的,呼啦一下出现在了自己面前,脸上还挂着顽童般可爱的笑容。

这一对互相尊敬对方,视彼此为知己的好朋友,在争论的时候可不是这样友善而可爱的。他们每每言辞犀利,咄咄逼人,大有一副不打败对手不罢休的气势。"玻－爱之争"有三个回合特别具有代表性,它们分别发生在1927年、1930年和1933年的索尔维会议上[①]。

1927年的索尔维会议

1927年10月,布鲁塞尔沉浸在一片鲜花和红叶的海洋中。但对于在此召开的颇具影响力的第五届索尔维会议来说,这样的场面好像过于温馨和祥和。这一届的索尔维会议注定与前面几届不同,这将是一场物理界的群英会,这将是一场哥本哈根学派和其反对派的"华山论剑"式的巅峰对决——爱因斯坦坚信"上帝

---

① 索尔维是一位对科学感兴趣的实业家,因发明了一种制碱法而致富。他所举办的索尔维会议给科学家们提供了近距离畅所欲言的机会。1927年、1930年和1933年那几届索尔维会议成为量子论的大型研讨会,也成为"玻－爱之争"的主要战场。

永远不会掷骰子"，并以此来反对海森堡的"测不准原理"，而玻尔则反驳："爱因斯坦，不要告诉上帝应该怎么做"。围观的众人纷纷猜测"论剑"的结局，其间必将火花四溅，激情四射。在参会的近30人中，就有17人获得了诺贝尔物理学奖。各路英雄好汉身怀绝技，或深藏不露，或傲视群雄，无一不是斗志昂扬，精神百倍。

这边，玻尔高举"量子化原子结构理论"的旗帜，向众人介绍着自己手下的几员猛将：手握"测不准原理"的海森堡，把玩"算符"的狄拉克，暗藏"不相容原理"的泡利……那边，爱因斯坦不甘示弱。虽然当时年仅四十多岁的爱因斯坦还没有头顶后来招牌式的、彰显其睿智和物理界标杆地位的"波浪式的发散条纹状发型"，也还没有口吐舌头、两眼圆睁的"鬼才"式的专属笑容，但是他身后的那面随风呼呼作响的"相对论"大旗，头顶那个闪耀夺目的"光电效应"的光环，已经让年轻的爱因斯坦有了无数的跟随者：跨在"波"上英姿飒爽的德布罗意；挥舞着"方程"，头脑中还在酝酿着如何

制造出一只让对手闻之色变的、超级无敌的、"又死又活"的猫的薛定谔……

这一场会议成了量子论的专场。正式会议的那几天,玻尔一干人等相当活跃,他们激烈陈词,慷慨激昂,仿佛在对量子论的解释的对决中已经胜券在握。而爱因斯坦等人却不知道打的什么主意,无论对手的情绪多么高涨,他们都只是沉默,沉默,再沉默,俨然一副以不变应万变的阵势。这样的情况一只持续到本届大会的闭幕式上。当玻尔面带笑容,欲用他的"互补原理"结束本次看似异常顺利的大会时,爱因斯坦突然发难,向玻尔等人的发言提出了质疑。

此后几天的讨论中,玻尔再也无法享受之前的那种惬意和愉快,因为每每在早餐之时,爱因斯坦就会抛出一个构思巧妙的思想实验,让玻尔一整天都陷于应对爱因斯坦的繁忙中。不过,玻尔也不愧是哥本哈根学派的掌门人,每当夜幕降临,他总能够及时地在晚餐时间将"球"又抛回给爱因斯坦,化解爱因斯坦一次又一次的攻势。两人就这样你来我往,经过"你不想让我愉快的享用早(晚)餐,那你也别想愉快地品尝晚(早)餐"的多次较量,结果是——谁也没有说服谁。

"玻-爱之争"继续。

1930 年的索尔维会议

如果说在 1927 年的索尔维会议上爱因斯坦对玻尔等人的应对还略显仓促或不太能够满足广大观众的期望——大家满以为顶着代表智慧和博学的"爱因斯

坦的脑袋"的那一位怎么也应该在争论中以优胜者,或者至少是以占据优势者的姿势出现在众人面前吧,结果却如两位武功盖世的大侠华山比武,一位"舞枪弄棒",忙得挥汗如雨,而另一位却始终没有进入角色,只是坐在对面喝着小酒,砸吧着花生米,最后轻描淡写地说了句:"我反对!"真心叫围观的众人大失所望——那就请将目光转移到1930年的第六届索尔维会议上吧。

1930年,同样是在布鲁塞尔,第六届索尔维会议再次迎来了玻尔和爱因斯坦等人。虽然本次大会的主题是磁学,可这并不妨碍爱因斯坦在早餐的时候向玻尔抛出梦魇一般的问题。这一次,爱因斯坦作了较为充分的准备,他昂首挺胸,一改上次的颓势,坚信自己这次一定能一举攻破量子理论的不确定性,从而最终达到挑战量子理论的目的。爱因斯坦之所以如此自信和高调,原因在于,这一次,他带来了一个看似设计得非常巧妙的思想实验(这并不是一种可以进行真实操作验证的实验,而只是一种用来测试某一理论的、想象出来的实验),有人将其称为"光子盒实验"。

"光子盒实验"中有一个有趣的盒子,盒子悬挂在一个弹簧称量装置上,我们姑且就将其看作是一把弹簧秤吧。盒子的一侧壁上有一个小洞,小洞通常情况下是被一个挡板挡住的,而挡板的开关又被一个机械钟所控制,同时,盒子里面还有一个辐射源。这样,当机械钟在某一时刻将挡板打开,辐射源放出的光子从盒壁的小孔中跑出来,那么光子跑出来的时间就可以由机械钟精确地测得。你若在放出光子前精确地记录了弹簧秤上显示的整个盒子的质量,待放出光子后,再次精确地记录了整个盒子的质量,那么两次测量的质量差就应该是跑出来的光子的质量(虽然仅凭我们对光子的那么一点有限的常识我们也知道光子是没有任何质量的,但这就是思想实验,一种理想化的、想象出来的,理论上存在,但现实中暂时还没有的东西),然后再结合爱因斯坦伟大的质能方程:$E = mc^2$,我们就能精确地得到光子的能量值。于是乎,时间和能量就能同时精确地测得了。请注意,是"精确",而绝不是什么"测不准"。

如此巧妙的构思,这让爱因斯坦几乎难掩内心的喜悦——当他看见玻尔面对自己的出招"哑口无言,抓耳挠腮"的样子时,爱因斯坦虽然极力压制内心的得意,故作沉稳地离开了会场,但脸上仍然露出了一种略带讥讽意味的微笑。

玻尔一时间几乎找不出这个巧妙的实验的缺陷,难道持续多年的努力即将被这么一个"小盒子"打败?他陷入了一阵短暂的慌乱之中。然而,没等爱因斯坦等人得意多久,就在第二天,玻尔就用爱因斯坦自己的一件利器——广义相对论,击败了爱因斯坦为之欣喜不已的"巧妙的实验"。真所谓是"成也广义相对论,败也广义相对论"啊。

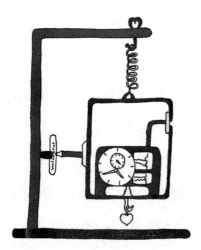

玻尔认为,当光子从盒子中跑出来后,盒子变轻,那么挂着盒子的弹簧秤上的弹簧就会向上收缩,整个盒子也会随之

上移。根据爱因斯坦的广义相对论,如果盒子中的机械钟沿着重力的方向发生了位移,钟显示的时间就具有不确定性,换句话说,由这个机械钟显示出的光子跑出来的时间就会因为光子的跑出而有所改变。因此,结论是,要想精确地测出光子的能量,就没有办法获得相应的、精确的时间,时间和能量仍然很好地遵循了"测不准原理"。

　　这下轮到爱因斯坦"哑口无言,抓耳挠腮"了。他开始反思自己的一些观念和想法,甚至开始相信:玻尔和他的哥本哈根学派对量子力学的相关解释在逻辑上并不存在自己曾经一度坚持认为的具有缺陷。不过,即使是这样,爱因斯坦也并没有接受量子论。在他看来,即使量子论是能够自洽的,那也至少是不完备的。因为量子世界的"自由行为"违背了他所钟爱的"因果规律",在爱因斯坦的头脑中,一个完备的物理理论就应该具备确定性、实在性和局域性。

1933 年的索尔维会议

有了前两个回合的精彩对决,众人都非常期待下一轮的精彩。可事实上,1933 年的第七届索尔维会议几乎可以算作是一场不完整的会议,因为爱因斯坦缺席了。

1933 年 1 月 30 日,希特勒终于得到了垂涎已久的政权,这对爱因斯坦来说无疑是个极坏的消息。因为"纳粹"认为,拥有大量听众和跟随者的爱因斯坦绝不仅仅只是科学家那么简单,在他们眼里,一直坚持民主与和平,长期反对"纳粹"不良政治目的的爱因斯坦对他们的影响几乎已经成为不可忽视的政治影响。于是,1933 年 3 月 2 日,爱因斯坦遭到了纳粹党报《民族观察者》恶意而猛烈的抨击。

值得庆幸的是,在众多朋友的帮助下,爱因斯坦背井离乡,和妻子爱尔莎踏上了前往美国的路。1933 年 3 月 10 日,爱因斯坦对美国记者讲到:"只要有可能,我只愿意生活在一个政治自由、宽容且在法律面前人人平等的国家里。言论自由和书面发表政治意见的自由也是政治自由中的一部分,尊重个人信仰是宽容的一部分。这些条件,目前在德国还不成熟。在那里,特别是那些以促进国际间相互理解为事业的人正惨遭迫害。"

让我们再回到1933年的索尔维会议。会上,少了爱因斯坦的身影及他的质疑,玻尔和他的哥本哈根学派唱起了独角戏,仿佛量子论的根基已经完全确定了下来,争论多年的问题也已经尘埃落定。加上本届大会的主题换成了当时更为新兴的话题——原子物理,这使得爱因斯坦的忠实拥护者薛定谔和德布罗意等一小部分人显得如此的势单力薄和落寞,他们完全打不起精神,根本无暇顾及什么争论。

可是,伟大的、受人尊敬的爱因斯坦却并没有如此消极。在长年对真理的不断执着追求中养成的不屈不挠、不轻言放弃、勇于拼搏等良好的品质,让爱因斯坦不管面对多么困难的局面——流离失所、远赴他乡,妻子身染重病,与以往的众多友人失去联系等——都毅

然选择积极地继续战斗！

于是，1933 年的索尔维会议在之后有了进一步的延续，而在 1935 年，双方对决达到了又一新的高潮。

"EPR"佯谬

爱因斯坦前往美国后，很快就在普林斯顿高等研究院安顿下来。虽然新的环境给爱因斯坦带来了诸多不适应，但他还是很快就投入到了自己的工作当中。有了前面几次与玻尔等的正面交锋，这一次爱因斯坦改变了战术，不再像以前那样略显随意的只是口头上抛出问题，而是与他在美国的两名助手波里斯·波多尔斯基和内森·罗森共同署名，于 1935 年在《物理评论》上发表了一篇名为《量子力学对物理实在性的描述是完备的吗？》的论文。同时他还改变了自己的进攻策略，不再强调量子理论的不自洽，而是将重点放在了讨论量子理论是否完备上。

这篇有名的论文,无疑是爱因斯坦对玻尔发出的一封宣战书。文中,爱因斯坦和他的助手一起构想了一个理想实验(为了能够尽量让你在"量子的旅途"中感到轻松、惬意一点,这里就将原实验简单地描述一下了):量子理论说,只要大家不去观察一个粒子,那么这个粒子的状态就是随机而不确定的。一旦开始观察它,它的波函数就瞬间坍缩到一个确定的状态呈现在大家面前。

基于上述的观点,可以假想有这样一个稍微大一点的粒子 A,A 很不稳定,随时都可能分裂成两个一模一样的较小一点的粒子 A_1 和 A_2。同时,假想 A_1 和 A_2 分别都有"左"和"右"两种可能的自旋情况,如果某一时刻 A_1 的自旋状态为"左",那么为了保持总体的守恒,A_2 的自旋状态就一定会是"右",反之亦然。

现在,请你睁大眼睛看好了,因为,A 已经分裂成了 A_1 和 A_2,并且 A_1 和 A_2 一经分离,就如同两个完全不能相处在一起的双胞胎,立马各自朝着相反的方向飞去,一直飞到相距很远很远的地方,甚至难觅踪影。

现在,只要我们不去观察 A_1 或 A_2,A_1 或 A_2 的状态就是不确定的。正如我们前面提到的那只又死又活的猫,对,就是薛定谔的猫。在薛定谔的猫的实验中,在你不去观察之前,猫将一直处在一种"活着"和"死了"的叠加态里。这里也一样,A_1 或 A_2 在你去观察之前,就一直处于一种自旋状态"向左"和"向右"的叠加态中,我们无法确定其具体的情况,而只能用一个波函数来表示它们所处状态的可能性。除非,你去"看了一眼"。

现在,假设我们偶遇了 A_1,我们开始观察。就在我们观察 A_1 的那一瞬间,A_1 所处的状态就坍缩到了一个确定的情况,比如它一下子就处于了"左"的自旋状态中,那么,根据总体的守恒性,我们便会知道,在我们观察 A_1 的那一瞬间,A_1 随机地确定为"左"自旋态的同时,奇迹发生了——A_2 将会毫无疑问的瞬间坍缩到"右"的自旋态中。无论 A_1 和 A_2 当时相隔多远,几千米也好,几万米也罢,甚至是以光年为单位,都不会妨碍我们对 A_2 的状态作出肯定的判断。

既然量子论信誓旦旦地向我们保证在我们观察的那一瞬间，A_1 坍缩到"左"的自旋态完全是 A_1 的临时起意，是随机的，那么，与之遥遥相隔的 A_2 又是如何根据 A_1 临时起意的决定而迅速作出反应，让自己所处的状态就一定能与 A_1 一起保持总体的守恒呢？难道有一种"幽灵般的超距作用"在 A_1 和 A_2 之间以超光速的速度传递着消息吗？抑或是"双胞胎"天生神奇的"心灵感应"？这一切都变得如此的神秘而诡异。

　　于是，爱因斯坦和他的助手一致认为，既然大家都能够肯定"超光速"的信息传递不存在，"幽灵"也仅存在于传说当中，那么量子理论所说的粒子 A_1 和 A_2 在观察之前所处的状态是不确定的说法就无法成立。唯一合理且正确的说法应该是 A_1 和 A_2 从分离的那一刻起，所处的状态就已经确定下来了，人们后来的观察只是去获得它们早已确定的状态信息而已。就像"你看或不看，月亮都在那里"。

　　这便是爱因斯坦和他的助手的理想实验。后来人们以他们三人名字的第一个字母为此命名，称其为

"'EPR'佯谬"。

既生"玻",何生"爱"

面对老对手爱因斯坦重新调整以后的战略战术，以及"EPR"三人组的来势汹汹，玻尔不敢掉以轻心，他在看到"EPR"佯谬以后就立即暂停了手中的其他工作，一心扑在了"反击自卫战"中。不过等玻尔稍加推论后就发现，爱因斯坦这次看似气势宏大的进攻却并

94

无多少实质性的威胁，因为他和爱因斯坦两人的论调根本就没有建立在一个共同的基础之上。

爱因斯坦总是从经典的宏观世界出发，即使面对微观世界的量子，也总是希望将其拉入到经典物理中来，试图找到经典物理对其的合理的解释。他们认为，经典的物理世界是一个可以离开观测手段而客观存在的世界。因此，"EPR"佯谬中假设的两个粒子 A_1 和 A_2 在没有被观测之前就已经被爱因斯坦等人认定是两个有着各自特定状态的客观实体，就像是宏观世界中的两个苹果，实实在在地存在着，真真切切。但玻尔却是站在微观的世界里，在他看来，微观世界的"实在"只有和观测手段相联系才会有意义。因此，在观测之前，根本就不存在两个客观独立的粒子 A_1 和 A_2，存在的只是由波函数描述的一个相互关联的整体粒子 A。既然是一个协调的、相互关联的整体，那就用不着什么信息的传递；既然不存在信息的传递，就更不会存在超光速的信息传递，那又何来"幽灵般的超距作用呢"？因此，"EPR"佯谬带给大家的信息也最多不过是爱因

斯坦的"经典物理的局域实在性"和玻尔的"量子物理的非局域实在性"的区别。

……

"玻-爱之争"持续到最后,玻尔和爱因斯坦也没有在认识上达成一致。爱因斯坦直到逝世之时,都没有接受量子理论是完备的观点。而对玻尔来说,既是朋友又是对手的爱因斯坦,给他的工作和研究也带来了巨大的影响。据说在玻尔1962年去世以后,人们还在他的黑板上发现了当年爱因斯坦"光子盒实验"的草图。纵

观两大伟人长达半个多世纪的争论,人们不免感叹:既生"玻",何生"爱"。

可爱的小鬼魂

其实,随着时间的推移和科技、社会的发展,即使后来还有像薛定谔这样的爱因斯坦的忠实跟随者全然不顾猫的感受,将其置于又死又活的状态,只为试图证明量子理论的不完备,人们也早已经对"玻－爱"所争论问题的本身渐渐失去了兴趣。是啊,宏观也好,微观也罢,不管"幽灵"是不是存在,量子理论都已经在众人的生活中扎下了根,并开始发芽、开花、结果。

只要留心观察一下身边这个日新月异的世界,你就会发现,无论是物理学还是化学,无论是医学还是生物学,从激光到电子显微镜,从原子钟到核磁共振的医学图像显示装置,再到量子计算机、量子通信,甚至是在核武器的研发过程中,量子的身影都无处不在。

有人开始觉得,如果"玻－爱之争"仅仅再围绕着"量子论的完备与否"而展开,那不免有些可笑和浪费时间了。虽然我们知道这一场旷世持久的争论曾对量子理论的发展起到过不可替代的推进作用,但是,即使

我们如今大胆地将"玻－爱"抛之脑后,太阳一样还是会每天都东升西落,兔子还是可以在草地上悠闲地吃草或嚼几口胡萝卜,对狗狗来说,窗台上的香肠也依然在那里随风一摆一摆地吸引着它的注意……如果说爱因斯坦至死都无法接受的"幽灵"曾显得是那般的诡异,甚至有点令人恐怖,那么,如今,这"幽灵"看上去则更像"可爱的小鬼魂"——它拥有着我们已经略有所闻的量子论的种种令人瞠目结舌的特殊性质,甚至还时不时将人们已经非常熟悉和习惯了的世界观来一次完全的颠覆,让人大跌眼镜。它在微观世界里施展着"神奇的魔法",影响着我们生活的宏观世界,让我们越来越感到了量子理论的实用性和巨大的开发潜力。

我们现在不要再管谁和谁又发生争论了,还是回到我们开始这趟旅行的初衷上去吧。开始我们谈到了"量子通信",但随即我们就发现这样一个问题:无论什么通信,其关键并不在于"通信",而在于那个"什么"。也就是说,凭借什么方式、方法来实现互通信息,才是人们最为关心的事情。那你就在兔子我的带领下,踏上"量子之路"吧。但现在我们要稍稍离开"量子大道",待兔子我吃两根胡萝卜以后,我们就一起踏上下半段旅程——量子通信之旅。

咦?为何你的脚步迟疑了?为何你还频频地回看先前走过的路?你是不是觉得,其实你根本就还没有弄明白量子是怎么一回事。在量子的大道上一路走来,你一直就处于"明白"和"不明白"的叠加态中,其中滋味或许比那只可怜的猫所能感受到的也好不到哪儿去。这"既明白又不明白"的状态让你不知道还能不能坚持完成接下来的"量子通信之旅"。若是这样,那担忧就大可不必了。来,稍事轻松一下,要不也来一两根胡萝卜嚼嚼?

如果谁要说他已经完全明白"量子"了,那他明白的就绝对不是"量子"。因为诺贝尔物理学奖得主,大物理学家费曼就说过:"我想我可以有把握地说,没有人懂量子力学。"玻尔也曾这样说过:"如果谁不为量子论而感到困惑,那他就是没有理解量子论。"就连一直不愿接受量子论的爱因斯坦也曾感叹:"量子力学越是

取得成功,它自身就越显得荒诞。"看吧,这些物理大家都如实说着"自己不懂量子",又何况是你呢?你只是一个跟着无意间发现的兔子跌进一个树洞里,打开一扇奇怪的小门,然后走进去的可爱的孩子。就像爱丽丝,跟着兔子经历了很多很多以后都还一直以为自己是在梦境里。你现在感觉到的迷糊,抑或是晕头转向,那都是非常正常的状态。你现在需要做的,就是跟着兔子,紧紧地跟着,就这样简单。

第五章 量子通信

有了前面对通信发展历程的一个回顾，还有了对量子理论的那么一点点粗浅的了解，现在，就让我们再次来认识一下终将有助于我们实现"穿越"的量子通信。

怎样才算真正的"瞬时通信"？

如今，用笔在纸上写信，然后通过邮递员投递的通信方式已经更多的是出现在各种表现怀旧的情节里。那种为了盼望看见邮递员的身影而数天，甚至数十天望眼欲穿的等候，也渐成回忆。现在，人们喜欢"快

递"，越快越好，最好是"瞬间"的工夫，需要的信息就已经传递到目的地了。可是，这个"瞬间"到底有多快？自行车的速度，汽车的速度，火车的速度，够"快"吗？那飞机的速度呢？

或许你会用略带鄙视的眼神瞟我一眼，然后告诉我：那个能算快吗？难道你不知道现在还有手机，还有电脑，还有视频什么的吗？那些个才叫快呢。"一眨眼"的时间，信息"瞬间"就能传递出去啦。可是，不知你有没有留意到生活中的一些小细节：当你给远在美国的朋友打电话的时候，你说完一句话后，对方会有一个短暂的沉默，然后才会回应你的谈话；如果你没有朋友在那么远的地方，那你看过新闻里面的电话连线，或者是视频连线吗？如果新闻主播连线的外景主持人在很远的地方，那么主播提出问题后，也会等一小段时间才会收到外景主持人的回应；再看看我们的载人航天飞机，当宇航员向地球上的人们说话时，我们也总是要在他们说完一句话的一小段时间后才能听见他们的声音。

因此,我可以肯定地说,当你熟练地操作着你的手机或电脑,发短信、聊 QQ、发飞信,或者发微信等等时,你只是被一个"瞬时通信"的假象所覆盖。因为人们在日常生活中所需用到的通信所经历的"路程"都还不算太远,所以你觉得很快,"瞬间"就能到达。可一旦人们之间的交流不再只限于市与市、省与省,而是远超出了国与国、洲与洲的范围,甚至更远,达到了星球与星球之间、星系与星系之间,那如今的通信方式就不可能在"瞬间"就能完成了,因为你每次所发出的声音、文字或者图像等信息,都需要经过一点时间才能到达目的地。当通信的双方距离较短时,通信的时间也就很短;但当彼此间的距离足够长时,通信的时间就会变得不可忽视,信息延迟收到的现象就会更加明显。如 2013 年 8 月 6 日,人类的"好奇"号火星车登陆火星,传回的信号到达地球就有十几分钟的延迟。那么,怎样才算是真正的"瞬时通信"呢? 如何才能真正获得"瞬时通信"呢? 科学家们认为,只有"量子"才拥有如此神奇的力量,也只有"量子"才能做到真正的"瞬时通信",

无论距离有多远。

于是,那个可爱的"量子小鬼魂"又飘飘悠悠地过来了,带着顽皮的笑容。这一次,它的头顶上闪现着一块大大的牌子,上面有几个醒目的大字——量子纠缠。

什么叫"量子纠缠"?这和"瞬时通信"有关系吗?回答是肯定的——要想使"瞬时通信"成为现实的关键就是——量子纠缠!

量子纠缠

说到量子纠缠,我们不得不又提到"EPR 佯谬"。正是"EPR"的那篇向哥本哈根学派宣战式的论文——《量子力学对物理实在性的描述是完备的吗?》才真正将"纠缠"这个概念带入了人们的视野,引起了人们的关注。但是，请注意，这篇论文中提到的仅仅只是"概念"，还并没有明确提出"纠缠"这个称呼。就像是一个婴儿已经诞生，但是还没有取名字一样。不过，暂时没有名字的婴儿并不妨碍人们对他的关注，同时，跃跃欲试想要给他取个名儿的大有人在。这不，薛定谔就牵着他那只"又死又活"的、可怜的猫向大家走来。

"纠缠"的提出

1935 年，薛定谔受到爱因斯坦、波多尔斯基和罗森的相关研究的启发，在《剑桥哲学会汇刊》上发表了一篇名为《量子力学的现状》的论文。发表该论文的初衷是因为薛定谔和爱因斯坦一样，难以接受量子理论的不确定性，因此想要试图将微观不确定性变为宏观不确定性，从而引出一个宏观世界中的"佯谬"，以引起大家的注意。于是，在论文的第 5 节中，薛定谔牵出了他那只处心积虑培养起来的"又死又活"的猫，并在文中正式用到了"纠缠"一词。他这样写道：

　　"当两个系统，我们通过它们各自的代表
知道其状态，由于它们之间存在已知的力，进
入临时的物理相互作用。当经过一段时间的
相互影响之后，系统再次分开，然后，它们不
再能够以前面的方式描述，也就是将其自身
的代表赋予它们中的每一个。我无法认为一
个具有量子力学的特征，而另一个完全背离
了经典思想理论。通过相互作用（量子状
态），两个代表纠缠在一起。"①

　　"纠缠"，若抛开物理，抛开量子等等不谈，仅仅先
从这个词本身给人的感觉说起，那我首先想到的就
是——狗狗终于如愿以偿，咬到了香肠的一头。它不
断地往下拖啊，拖啊，可香肠就像无止境一样，很长很
长……终于，狗狗被一长串香肠绕过来缠过去地绕得
满身都是，几乎动弹不得。但是，狗狗眼里露出幸福的

---

　　①　此文摘自重庆出版社 2011 年出版的《量子纠缠：上帝效应，科学
中最奇特的现象》。

光芒,陶醉其中,仿佛内心正在呐喊:"就让香肠纠缠我吧,这正是我想要的。"当然,换作是一只猫的话,可能不会这样幸运——被香肠缠绕——它可能正被一大团已经难以解开的毛线纠缠着,累得满头大汗,甚至开始觉得其实处于"又死又活"的状态也没什么不好。总之,"纠缠"并不容易让人想起有趣的物理学,也很难让人将"量子"与之联系,反而,它到容易让人产生一种乱糟糟的感觉,就是那种"剪不断,理还乱"的感觉。

可是,千真万确的,"纠缠"就是和"量子"连在了一块儿,而且,它们的组合——"量子纠缠",还像"幽灵"一般,让爱因斯坦等人"寝食难安"。

纠缠爱因斯坦的"幽灵"

你一定还记得"EPR"佯谬中爱因斯坦和他的两位助手一起提出的那个假想实验吧。实验中就向大家描述了一个较为简单的"量子纠缠"的场景:一个不稳定的较大的粒子分裂成了两个较小一点的粒子,且两个小粒子一分开就各自向着相反的方向飞开了。如果这两个小粒子都各自拥有"向左"和"向右"的两种自旋的可能,那么如果其中一个处在"向左"自旋的状态下,另一个就必然处在"向右"自旋的状态下(为了保持守恒,只能这样),反之亦然。这时,这两个粒子就构成了一个简单的"量子纠缠"状态。

因此,简单说来,一旦两个粒子之间发生"纠缠",那么无论这两个粒子是紧挨在一起的,还是各自被分开到了宇宙的两端,它们之间总会保持着一种强大而神秘的关联。这一关联的存在,使得如果其中一个粒子的状态发生了改变,那么另外一个粒子的状态必将相应地作出变化——这与粒子间的距离无关。

"量子纠缠"为相隔甚远的两个粒子建立起了非常亲密的连接,让两个粒子仿佛可以"隔空感应"。这样一种不通过任何媒介,却可以发生远距离,甚至是超远距离的相互作用方式已经远远超出了经典物理学的解释范畴,因此深深困扰了爱因斯坦,挑战着爱因斯坦心中坚守的经典物理中的"定域性"。爱因斯坦在给马克思·玻恩的一封信中,就曾这样写道:

　　　　"你认为合理的物理学对我来说我找不到充分的理由。我无法严肃地相信(量子理论),因为物理学应该表示时间和空间的真实情况,不受幽灵一般的远距作用的影响,而量子论与这一想法不一致。"[1]

　　其实,"量子纠缠"的"远距效应"对于大多数人来说,又何尝不是对大家普遍认同的"定域性"的一种颠

---

　　[1]　此文摘自重庆出版社 2011 年出版的《量子纠缠:上帝效应,科学中最奇特的现象》。

覆。"定域性"几乎可以算作是一种显而易见的、被大家所认同的生活原则。在这一原则的指导下,我们知道,如果狗狗想要够到窗台上的香肠,它不可能通过"直勾勾"地盯着香肠看就能实现这一梦想,它必须得接触到香肠——跳起来去咬也好,拽着主人的裤腿请求帮助也罢,总之,就是不能只看着,或者只是心里默默地想着。你得有"接触",是的,"接触"很重要。但是,如果你想对你无法"接触"到的东西施加一点作用的话,那就得借助一点别的什么。就比如你想对已经远远跑在你前面的我说:"其实我也很想要那串香肠,请你帮我拿一下。"那么,这样的一句信息就通过你声带的振动、空气的振动、我耳朵内鼓膜的振动等传到了我的耳朵里。而声波在传递的过程中就经过了我们之间相距的路程,并花掉了一些宝贵的时间(时间在任何时候都是宝贵的),这就是"定域性"———一种被大家熟知的,认为一个物体想要对另外一个相隔甚远的物体施加作用就必须通过媒介,否则将无法实现的生活原则。

凭着对"定域性"的坚定无比的信任,爱因斯坦一生都没能接受"量子纠缠"的观点。1944年9月7日,在"EPR"论文发表近十年之后,他还在给马克思·玻恩的信中写道:

　　"我(相信)客观存在的世界中的完整规律和秩序,我,以狂热的推理方式,努力想抓住这些规律和秩序。我坚定地相信,相比我曾经命中注定发现的,有人会发现一种更实际的方式或更有形的基础。甚至量子论伟大的初步成功也无法使我相信这个基本的博弈。"①

　　甚至在爱因斯坦去世的前三年,爱因斯坦都仍然不忘时不时地痛斥一下量子论:

　　"这种理论提醒我,这是一个极度聪明的

---

① 此文摘自重庆出版社2011年出版的《量子纠缠:上帝效应,科学中最奇特的现象》。

妄想狂的妄想系统,编造了不连贯的思想要素。"[1]

面对爱因斯坦的如此执着,加上多数人都没有见过"幽灵"的真实面目,因此,也大都对"量子纠缠"将信将疑。看来,一个新的理论要想占据人们的头脑,特别是要想在打破人们原有思维的前提下占据人们的头脑,光靠说和想是不具备完全的说服力的,关键的时候还得"实验"出马,用真相说话。于是,英国物理学家,

红头发的约翰·贝尔,出现在了众人面前。贝尔拿出自己的"秘籍"——贝尔不等式,将"量子纠缠"的合理与否推到了真实可行的实验验证阶段。

---

[1] 此文摘自重庆出版社 2011 年出版的《量子纠缠:上帝效应,科学中最奇特的现象》。

贝尔的"困惑"

在玻尔和爱因斯坦第一次"华山论剑"（1927 年索尔维会议）后的第二年，也就是 1928 年的 7 月 28 日，约翰·贝尔在北爱尔兰贝尔法斯特的一个普通的家庭中诞生了。这是个看上去也非常普通的小家伙——即使他有着一头红色的头发和一张布满雀斑的脸，也没有谁会认为那就和别的小孩有多么的不同。总之，当时看来，一切都那么普通，就连贝尔诞生这件事的本身也是一件再普通不过的事情，因为那一刻，地球上不知道有多少类似的事情在同时发生。可是谁会想到，几十年后，这个红头发的小男孩却和神奇的量子理论联系到了一起？这让他的红头发仿佛都闪耀起来。事情的发展往往就是这样出人意料。比如现在你还是个跟在兔子后面"梦游量子王国"的"小迷糊蛋"，还在为处于"明白"和"不明白"的叠加态中而备感纠结。可谁又能保证，一段时间后，你不会成为一个"量子王国"中的明星呢？至少小迷糊蛋变成明星的概率总是存在

的。

让我们再回过头来继续说说贝尔。其实,贝尔并不算是一位"正宗"的量子理论研究者。1960 年,贝尔和他的妻子玛丽·罗斯一起供职于位于日内瓦的欧洲粒子研究中心(CERN),做着和量子理论的研究相差甚远的与粒子物理相关的工作。而对"量子"的喜好,仅仅是贝尔的一个业余爱好而已。

因为"业余",所以贝尔在面对心中的偶像——爱因斯坦时,感性的成分略微占了上风。就像当时很多人一样,他们并不熟悉"EPR",也不太了解玻尔和玻尔的观点,但他们就是觉得爱因斯坦是正确的,不为别的,就因为他是爱因斯坦。1964 年,贝尔开始介入到量子论的研究中,而他的目的,只是想用实际行动来支持他心中伟大的爱因斯坦——找出能让量子理论中的"不确定性"变为"确定性"的隐变量。

在前面,我们曾经提到过抛硬币的例子。爱因斯坦等人认为,人们之所以说硬币被抛出去再掉下来后,硬币正面的朝向是随机的,那是因为有一些隐藏的变量还没有被人们掌握。实际上,被抛出去的硬币是完全严格地遵循着经典的力学规律的。当我们缺少一些条件——我们将其称为"隐变量"——如硬币从手中飞出去时的方向、加速度、速度等时,我们就只能用概率来估计硬币落下来后正面的朝向。但是如果我们将那些需要的"隐变量"都测量出来了,那么,抛出去的硬币在掉回来时会是怎样一种状态其实在硬币飞离手掌的那一刻就已经确定了。贝尔认为,"EPR"佯谬一定也是因为缺少一些"隐变量"造成的,只要能够找出那些"隐变量",那么由不稳定的较大粒子衰变出来的、相隔甚远的两个较小的粒子,它们在被人们观察时所处的状态其实在分开的那一刻就已经确定了,而并非像玻尔等人所说的那样,是在观察时才瞬间随机确定的。

可是,想要找出这些所谓的"隐变量"谈何容易?更要命的是,早在 1932 年,就有一位数学大师——冯·诺依曼从数学的角度出发,通过对"隐变量"不可能存在的证明,向众人宣布了"在量子世界里,根本就不存在'隐变量'"的结论。凭着冯·诺依曼在数学界

的权威,此言一出,仿佛就在这块区域中竖起了一块警示牌:此地无"隐变量"。于是,一些曾努力想要试着找出"隐变量"的人们,也就大都停止了行动。就像正当狗狗想要试一下能不能在院子里找到一根木棍,以便能够到窗台上的香肠时,你跳了出来,表情严肃且非常肯定地对狗狗说:"院子里是没有木棍的。"这足以打消狗狗的幻想,并扼杀它想要采取一些行动的想法。

"业余"的贝尔却并不在意冯·诺依曼的权威,他一心只想着要用实际行动来帮助自己的偶像。贝尔坚定地绕过"此地无'隐变量'的"警示,仔细研究起了冯·诺依曼的相关证明过程。结果,贝尔居然发现了这位数学大师在证明过程中的一个小小的漏洞。同时让贝尔感到兴奋的还有,早在19世纪50年代,美国物理学家戴维·玻姆就将"EPR"发表的论文——《量子力学对物理实在性的描述是完备的吗?》中那复杂且令人费解的测量位置和动量的实验作了简化,使其成了更容易被大家理解和接受的测量"电子自旋"的实验(我们所提到的相关实验,均使用的是"戴维·玻姆简化版"),并且,他甚至还给冯·诺依曼对"隐变量"不可能存在的证明提出了一个反例。这些无疑都更加激起了贝尔的斗志,也让贝尔更加坚信自己努力的方向是正确的。

　　贝尔前进道路上的阻碍仿佛都已经被清除掉了,接下来他要做的就是找到"隐变量",以便将量子物理的理论拉回到经典物理的世界中。于是,贝尔提出了

著名的贝尔不等式,这为"隐变量"理论提供了实验验证方法。然而,上帝却和这位红头发的年轻人开了个大大的玩笑——在以后对贝尔不等式的各种验证中得到的结果却是对爱因斯坦等人观点的否定。

我们知道,贝尔所做的一切绝对不是想要证明爱因斯坦是错误的,而能够证明量子理论的不完备性和帮助爱因斯坦取得彻底的胜利,才是贝尔想要的结果。可是现在,贝尔在肯定自己的不等式是正确的情况下,却得出了与自己预期相反的结果,贝尔困惑了——我的偶像,那么伟大的物理学家,爱因斯坦,他的观点会是不正确的吗?这是一种让人非常沮丧的境况,就像你费了九牛二虎之力想要向大家证明你们家的香肠是世界上最美味的东西,可当你咬了一口以后,你却发现那味道难吃得几乎无法下咽。是的,就是这样让人沮丧。希望得到的结果与现实的背离总会让人感到困惑,因为你不得不作出选择——是遵从自己的个人喜好,还是承认客观的实际呢?让人钦佩的是,贝尔坚持了他自己的科学客观精神,选择了直面真理。当然,从

个人情感上来说,对于爱因斯坦,贝尔还是深感遗憾的。这在他与人的一次会晤中,表现了出来,他说:

> "对我来说,非常合理的是假设那些实验室中的光子携带程序,这些程序事先关联,告诉那些光子该如何表现。当爱因斯坦看到这一点,而其他人拒绝看到时,我认为这是如此的理性,他是一个理性的人。其他人,虽然历史已经证明他们是合理的,但他们已经湮没在凡尘中了。很遗憾,爱因斯坦的想法行不通。合理的事情只能是行不通。"①

天哪,你看,真的有"幽灵"!

贝尔提出的不等式虽然为"隐变量"的存在与否提供了实验验证的方法,可贝尔毕竟是一位理论物理学

① 此文摘自重庆出版社 2011 年出版的《量子纠缠:上帝效应,科学中最奇特的现象》。

家而不是一位实验科学家。他没有机会，也或许是压根儿就没有想过要将他自己的理论成果——贝尔不等式，在实验室中通过实验的方法赋予其更生动、丰满的形象。但这并不等于没有人对此感兴趣，法国的年轻科学家艾伦·阿斯派克特就是其中杰出的代表。

法国，一个随处都可与时尚、与浪漫邂逅的国度，注定了阿斯派克特的血液里也会充满时尚的元素。假想你在法国的街头与他邂逅，我敢肯定地说，即使那时阿斯派克特身着普通的衣衫，你也一定会将他与艺术相联系，而绝不会提起科学。阿斯派克特与老套的科学家——或者不修边幅，或者带着瓶底一般厚的高度近视眼镜，或者一套长大的衣衫可以出现在任何场合，也或者出了实验室的大门就不知道自己手脚该放在哪里才合适——有很大的不同。他在浪漫之都——巴黎学习的物理,个子高挑,留着让人印象深刻的、飘逸的胡须。他仿佛更适合带着微笑,品着红酒,而不是在喀麦隆的大地上,在非洲炎炎烈日下从事着辛苦的物理工作。

　　非洲的工作环境和生活环境都相对闭塞一点,这让科学界的"潮人"阿斯派克特有点远离了物理界中的主流——20 世纪 70 年代初,人们对量子理论基础的探索和讨论的热情已大不如前。即使"量子"仍然在众人面前玩着神秘的骰子,可是,就如同一个过时的游戏,纵然大家还是难以看透游戏的奥秘,但兴趣已不在这里。那些响当当的大人物们开始热衷于建立新的宇宙学理论,粒子物理学尤具魅力。阿斯派克特的独立精神再次将这个浪漫的法国人带上了一条"非主流"的道路,他竟然开始对已经发表了 30 多年的"EPR"的论文发生了浓厚的兴趣,同时还对贝尔的相关工作展开了关注。在这一当时"非主流"的领域中,阿斯派克特的头脑变得空前的活跃,也遇到了前所未有的挑战。

　　与其将大量的时间花在"头脑风暴"中,一再挑战

思想的极限,不如动动手,将思想中的影像形象化、具体化。于是,在阿斯派克特回到巴黎以前,他就已经打定了主意:要在实验室中,通过实验的方式彻底验证贝尔不等式。他要看看,那里,量子世界里,是不是真的有"幽灵"。

如果说阿斯派克特是一位敢于挑战的英雄,那么,我就不得不提一下"英雄所见略同"的事情。原来,有着阿斯派克特这样想法的人并不只有他一个,早在1969年,美国的4位物理学家——克劳瑟、霍恩、西摩尼和霍尔特就以"CHSH"署名,在"Physics Review Letter"上发表了一篇论文。文中对贝尔不等式作了改良,取消了几个关键的限制条件,还重新给出了更为切实可行的实验设计。

这就给阿斯派克特回到巴黎后的工作奠定了良好的基础,让他不再觉得自己是个孤军奋战的"非主流"。终于,阿斯派克特在巴黎大学光学研究中心的地下室中,亲自动手制造、改良实验设备,完成了对贝尔不等式的实验验证。实验的结果与理论的推测是相符合的,这足以说明本想帮助爱因斯坦取得彻底胜利的贝尔,可爱的、红头发的贝尔,却帮了"倒忙"。因为他的理论成功地确认了量子理论的正确性,而证明了爱因斯坦的想法——定域性总是存在的——是错误的。困扰爱因斯坦的"幽灵"——远距作用,在阿斯派克特等人的努力下最终显现了出来。据说当时就有人问阿斯派克特,如果爱因斯坦还活着,他将如何看待他的实验结果。阿斯派克特再度表现出了法国人天生的那种幽默和魅力,他说:

"哦,当然,我无法回答这个问题,但是,我敢肯定,关于这个结果,爱因斯坦当然有非常聪明的话要说。"①

至此,请容许兔子我稍微休息休息。而你,则大可和那些探头探脑长期观望的人们一样,摸摸早已经发

① 此文摘自重庆出版社 2011 年出版的《量子纠缠:上帝效应,科学中最奇特的现象》。

第五章 量子通信

酸的脖子和腰背,舒坦地长吁一声,然后瞪圆眼睛,张大嘴巴说:"天哪,你看,真的有'幽灵'!"这是个非常令大家欢欣鼓舞的消息。回顾历史,量子纠缠从提出到实验验证,经历了如此漫长的过程,而这一历程,可绝不像法国的街头那样充满浪漫和温情。其中的艰辛、曲折、汗水与兴奋、进步和幸福牢牢地纠缠在一起,分也分不开。

不管怎么说,"量子纠缠"就算是真正被大家接受了。而有了这关键的一步,我们距最初那伟大的理想——"瞬时通信"又大大地迈进了一步。下面,就让我们来瞧瞧,具有神奇本领的量子通信到底是怎么一回事。

量子通信

阿斯派克特等人的不懈努力终于证实了"量子纠缠"的存在,从而也就证实了爱因斯坦所说的"幽灵"——超距作用的存在。有了这样的超距作用,任何

两种物质之间,不管彼此相距有多么遥远,都可能产生相互影响。这种影响不受四维空间的约束,打破了经典物理中的"定域性",将"非定域"的概念展现在了众人面前。这一切仿佛都在不断地告诉人们:宇宙在冥冥之中存在着更加深层次的内在联系。

随着"量子纠缠"的各种争论的尘埃落定,"量子通信"便渐渐浮出水面。这一利用"量子纠缠"进行信息传递的新的通信方式,在近 20 年来逐渐发展起来,成了一门新型的交叉学科——量子与通信相结合——也成了一个量子理论和信息论相结合的,新的、热门的研究领域。

1993 年,美国科学家贝内特在"量子纠缠"的基础上,正式提出了量子通信的概念——量子通信是由量子态携带信息的通信方式,它利用光子等基本粒子的量子纠缠原理实现保密通信过程。这一概念的提出,标志着困扰爱因斯坦的"幽灵"——量子纠缠效应,终于从理论研究步入到了实践应用的阶段,开始发挥其真正的威力。这一新研究领域的发展速度已经超乎人们的想象，很快就成为国际量子物理和信息科学的研究热点，成了科学界，特别是物理学界新的潮流和宠儿。有专家指出，量子通信技术可能在 30 年后会对人类社会的发展产生难以估量的影响，可以说，量子通信将催生量子信息时代的真正来临。

与以往成熟的其他通信技术相比较，量子通信最大的优点在于其具有理论上的超强保密性、超大容量、超远距离传输等特点。也就是说，在理论上可以证明，即使窃密者具有强大的计算资源和任意物理学允许的信道窃密手段，量子通信都仍然可以保证通信双方安全地互通信息；同时，利用量子的一些优良特性如"量子纠缠"特性等，就有望在超越经典通信极限的条件下传输和处理信息。这些都使量子通信具有了超级的优越性——我实在是不知道应该怎么来形容量子通信的好，只觉得自己能想到的形容词都不足以用来向你表述我想要表达的对量子通信的赞美之情，最后发现，简单的一个"超"字，反而更符合我的本意。就像你吃到了一口美味的香肠，却找不到合适的词语来形容其美

味,最终只能说出
"超好吃"一样。总
之,这一切"超"优
越的特点,让量子通
信在金融、电信、军
事等领域有着非常
重要的意义和价值,
从而获得了巨大的发展优势,成为 21 世纪量子与信息
领域发展的方向和主流。

在贝内特提出"量子通信"的概念不久后,来自不
同国家的 6 位科学家又更加具体的在量子纠缠理论的
基础上提出了量子通信最初的基本方案:利用量子方
法与经典方法相结合的方式实现量子隐形传送。简单
说来,就是将某个粒子的未知量子态传送到另外一个
地方,再把另一个粒子放到这个量子态上,原来的那个
粒子并不被传输,而是留在原处,即实验中传输的只是
表达量子信息的"状态",作为信息载体的粒子本身并
不被传输。这一方案使得理论与实践有了更加合适的

结合点,这对人们认识与揭示自然界的神秘规律具有重要的意义。1997年,留学奥地利的中国学者潘建伟与荷兰学者波密斯等人合作,首次实现了未知量子态的远程传输。这在国际上都是首次在实验上成功地将一个量子态从甲地的光子传送到了乙地的光子上。

此外,以量子态作为信息传输的载体,通过量子态的传送完成超大容量信息的传输,就可实现原则上不可破译的量子保密通信。这又给人们期待拥有的"高保密性通信"带来了极大的希望,也更加引发了世界各国政府、科技界和信息产业界对量子通信技术研究及其发展的高度重视。

2002年,美国政府制定的"十年发展规划"中就明确提出"到2012年发展一套可行的带有足够复杂度的量子计算技术",同时美国全国科学基金还投资了5 000万美元对量子通信进行研究。近来,美国白宫和五角大楼已经安装了量子通信系统,并已投入使用。

对科技发展极为重视的日本自然不甘落后。日本邮政省将量子通信列入了21世纪的战略项目,并于

2000 年将量子通信技术作为了一项国家级高技术列入开发计划,10 年内投资了 400 多亿日元,主要研究光量子密码和光量子信息传输技术。这些已足见日本想在该新兴领域占得先机的决心。

在欧洲,各国对待量子通信的热度那也是毫不逊色。欧盟成立了包括英国、法国、德国、意大利、奥地利和西班牙等国在内的量子信息物理学研究网,这是继欧洲核子中心和航天技术国际合作之后,又一针对科技重大问题的大规模国际合作,相关研究项目多达 12 个[①]。

……

各国对于量子通信的研究频频作出新的举动,那是因为大家都明白,量子通信不仅在军事、国防等领域具有重要的作用,而且会极大地促进国民经济的发展。谁对量子通信技术掌握得越多、掌握得越好,就意味着在未来的日子里,谁在国防和军事上赢得了先机。这

---

① 该部分内容,参考了 2011 年版"军事科技·科技直通车"中的内容,可参见 http://www.chinamil.com.cn/big5/jskj/2011 – 01/06/content_4550716.htm.

对一个国家的发展来说,是具有非常重要的意义的。

　　经过 20 多年的发展,量子通信这门学科已经逐步从理论走向了实验,并开始向实用化发展。量子通信系统的基本部件包括量子态发生器、量子通道和量子测量装置。按其所传输的信息是经典的还是量子的可分为两类,前者主要用于量子密钥的传输,后者则可用于量子隐形传态和量子纠缠的分发。因此,量子通信涉及的领域主要有量子密码、量子隐形传态和量子密集编码等。

量子密码

　　通信是文明的生命线,它表现了人们能够交流和渴望交流的本质。可是,虽然人们参与的多数交流都是愉快而公开的,但这并不意味着每一次的交流 都需要"全民参与",都希望越多人知道越好。相反,有时候,交流的当事人更希望彼此间交流的信息能够仅仅是"天知、地知、你知、我知",在有限的范围内、在特定的对象间进行传播。他们希望交流的信息被保密,不

被不相干的人听见,这就对"保密术"产生了需求。

有意思的是,日常生活中,当你和你的好朋友在电话上悄悄地说着你们的小秘密的时候,那可不是你使劲儿埋着头,还用手捂着话筒、压低声音,就能不被人听见的。如果真有需要,你的声音再低,你们的小秘密也会被监听到。不过,好在你的那些小秘密多半还不够被监听的资格,而那些涉及国家安全或高风险业务的通信,则往往是被窃听的对象。对这一类的通信,信息泄露出去的结果可能会导致巨大而惨重的损失,可能会引发战争,甚至还可能意味着国破家亡,而绝不会仅是有人知道了你的一些奇怪的个人嗜好,或者别的什么小小的社交毛病而引起的一点点尴尬。可见,防止信息被窃听的密码术绝对是"必需之品"。

其实,在人类开始有信息交流的需求

时,人们就对交流的信息的各种保密方法展开了研究和尝试。

最原始的对交流信息的保密方法主要侧重于将信息整个隐藏起来不被人找到,而不是让信息难以被人读懂。在这一点上,古希腊人有着引以为傲的经验之谈。他们曾经将覆盖有蜡的写字板上的蜡先刮掉,把需要传递的信息刻在去掉蜡的写字板的木板上,然后再在刻有信息的木板上重新覆上蜡,最后将这样看起来是空白的写字板送上传递之路。相传,还有一种更令人惊叹的方法,那就是先将传递信息的人的头发剃掉,将信息写在其头皮上,等其头发再长出来时,就能够很好地将信息隐藏起来,从而可以从容地"顶着"信息出发了。不过,我个人对这样的传闻表示怀疑,因为,剃掉的头发再长起来可不是短时间可以实现的,那得等多久啊? 这对于期盼尽快收到信息的人来说,可是个对耐心不小的考验。

后来,随着保密经验的逐渐丰富,这样简单的隐藏信息的保密方式已经渐渐失去了保密的效用,聪明的

希腊人又开始了新的保密尝试——密码。有资料记载,斯巴达人是最早开始使用密码的,他们提供了很多精巧简单的信息编码和解码的工具。比如,将一条皮带在一根木棍上一圈挨着一圈的紧紧缠绕,然后沿着木棍,在由缠绕的皮带组成的一个平面上刻上需要传递的信息。刻好以后,将皮带从木棍上取下时,完整的信息就变得"支离破碎",要想重现信息,只有将皮带绕到相同尺寸的木棍上时才能实现。可见这时的信息保密术已经从简单的隐藏信息开始向更为复杂的"密码"式保密术发展。

在古代,提到真正的、著名的使用"密码"的保密术,就不得不提到一个人——乌斯·凯撒。乌斯·凯撒是基础的代换密码的热心使用者。所谓代换密码,即是固定不变地用一个符号代替另一个符号,比如将字母表中原有的字母顺序打乱,或者就简单地反着排序吧,这样,便可以用 Z 代替 A,用 Y 代替 B,等等。以这样的原则隐藏信息,在当时的条件下,使用起来还是非常实用和便捷的。

不过,很快我们就不难发现,这些在古代看来还算先进的保密术都有一个很大的缺点——极易被破解。尽管在保密术其后的发展中,加入了各种各样的干扰项,但是只要破解人有一定的经验和时间,被破解总是迟早的事情。人们在保密术的道路上不断探索,一直在寻找一种大家心中理想化的,可以提供铜墙铁壁一样安全严密的、令人惊奇的保密机制。直到"量子纠缠"效应的出现,人们终于看见了希望——量子密码。

量子密码,又称量子密钥分发,是利用量子力学特性来保证通信的安全。它使通信的双方能够产生并分享一个随机的、安全的密钥,来加密和解密信息。传统的密码系统多以数学为基础,但是无论多么复杂的数学密钥,人们总可以找到其中的规律,区别只在于所用时间的长短。而现代计算机在很大程度上就是以数学为基础建立起来的密码系统的克星,特别是当以后"量子计算机"从设想变为现实的时候,那所有的以数学为基础建立起来的密码则更是几乎不能再称作为密码,因为"量子计算机"无法想象的超高速和超大容量的运算能

力,可以在极短时间内就完成解码作业。如果我们将未来的"量子计算机"看作是世界上最锋利的"矛"的话,那我们就只能制造出世界上最坚硬的"盾"——量子密码,才能与之抗衡。量子密码术与传统的密码系统不同,量子密码术的理论基础是量子力学,它以量子效应作为其安全模式的关键。实质上,量子密码术就是基于单个粒子(我们一般都选用光子,因为光子具有我们需要的所有品质,同时它的行为更容易被大家接受和理解,此外,光子还是最有前途的高带宽通信介质光纤电缆的信息载体)的应用和它们固有的量子属性开发的不可破解的密码系统。它只用于产生和分发密钥,并不传输任何实质的信息。密钥可通过某些加密算法来加密信息,加密过的信息可以在标准信道中传输。

具体说来,科学家们是在 20 世纪下半叶,在"海森堡测不准原理"和"单量子不可复制定理"①的基础上,

---

① 单量子不可复制定理:海森堡测不准原理的推论,它指在不知道量子状态的情况下复制单个量子是不可能的,因为要复制单个量子就只能先测量,而测量必然改变量子的状态。

逐渐建立起的量子密码系统。在前面我们已经了解到，"海森堡测不准原理"是量子力学的一大基础理论，它指出人们想要在同一时刻精确地测出同一个量子的位置和动量是不可能的，最多只能精确地测出其中的一个，而放弃对另一个的精确测量；"单量子不可复制定理"则是"海森堡测不准原理"的一个推论，即表示在不知道量子状态的情况下复制单个量子也是不可能的，因为要复制就得有测量，而一旦有了测量，就必然会改变量子的状态。就好像你想对一只正在旋转的陀螺进行测量，那么"测量"这一外来的行为就会改变陀螺的运动状态。同样，任何窃听者想要截获信息的行为对于被窃听的信息来说都是一种外来的测量行为，只要有测量，那么原来的系统就会被打破，于是窃听者费了九牛二虎之力截获到的信息必将都是无用的信息，而接收者一旦发现原有的量子态发生了改变，也能非常容易地判断出信息已被"动过手脚"。因此，凭着这种"一触即变"的"脆弱性"，信息便可达到空前的绝密，而量子通信就理所当然地成了最具安全性的通信

方式。

实际上,关于量子密码的起源,还有一个非常有趣的小故事。1970 年,在量子通信的概念被提出以前,美国正被一宗接一宗的伪钞案所困扰,于是,美国哥伦比亚大学的一位年轻学者——斯蒂芬·威斯纳就提出了利用量子力学的独特性来制造出无法伪造的纸币的想法,即后来大家所谓的"量子货币"。斯蒂芬·威斯纳想象出了一种上面既有传统序列号又有一组保存了 20 个光子的钞票,每个光子都可在 4 个方向上随机偏振〔偏振即横波的振动矢量(垂直于波的传播方向)偏于某些方向的现象,纵波就没有偏振现象。光的偏振是光子的一种属性,具有与光子相关的已知方向,并会以奇怪而独特的方式对测量作出反应〕。为了配合这种概念型的新型钞票,银行还必须配备一本将序列号和偏振对应起来的小密本,因为你只有提前知道了每个光子的偏振,你才能准确地测量这些光子,从而与对应的序列号相联系。当然,也只有带有特殊序列号和整组 20 个按银行小密本规定的正确偏振的光子的纸币,才是真的纸币。

这无疑是个非常有创意的想法，完全表现出了斯蒂芬·威斯纳天才的一面。可是，在 20 世纪 70 年代，这样的想法却让人难以接受，在当时，它听起来是如此的不切实际，甚至有点不可思议。即使到了现在，要想将 20 个光子保存到一张小小的纸币上，那也是有点"天方夜谭"的。且不说肯定会产生巨额费用，单说制造出来的纸币差不多应该有一个小烘箱那么大，我们就能清楚地作出结论：这绝不是一个钞票防伪的有效方法。因此，当斯蒂芬·威斯纳有了这一想法并想将其公之于众时，他写了一篇文章，投到了一家杂志社，可遗憾的是，杂志社的编辑却认为这位年轻人简直就是在胡言乱语，将他的稿件退了回去。同时，他的导师和他的一些朋友也并不看好他的这一"创意"，这使得斯蒂芬·威斯纳无比伤感地说：

"我从我的论文指导教授那里没有得到任何支持——他对它根本就没有任何兴趣。

我也向其他几个人展示了我的想法,他们全

都摆出一副奇怪的面孔,直接继续做他们的

事情。"①

量子计算机
↓
最锋利的矛

量子密码
↓
最坚硬的盾

① 此文摘自重庆出版社 2011 年出版的《量子纠缠:上帝效应,科学中最奇特的现象》。

到了 20 世纪 80 年代,美国的密码专家彼尼特和加拿大的一位密码专家班奈特在参加一次国际会议时闲聊到了斯蒂芬·威斯纳那极富创意却不被当时的人们接受的关于"量子货币"的设想,并从中深受启发。他们将斯蒂芬·威斯纳的想法研究了一番,认为由此可以建立量子密码,于是提出了 BB84 量子密码的方案。这便是量子密码的起源。而 BB84 量子密码的方案在各种实验和实践中已被证明是非常成功的,即使以后的量子计算机或者更高级的解码仪器都不可能破解。它已经成为目前国际上使用最多的一种量子密钥方案,并成为量子通信的重要发展基础。

因为安全性有了极高的保障,量子密码已被公认为是改变人类未来生活的新技术,各个国家都不甘落后、你追我赶地投入了大量经费用于研究和发展量子密码技术,并取得了诸多重大成果。量子密码术的研究也早已从理论阶段发展到了实践应用阶段,凡是需要保密的信息,无论是网上聊天还是银行交易,量子密钥都能提供必要的保密手段,其应用范围极广,无论是

"前途"还是"钱途",那还真是无可限量。

不过,你可千万不要高兴得太早。虽然量子密钥的创意非常强大,以至于让人们觉得这就是大家心中理想的"铜墙铁壁",但是,量子密钥在现阶段却还无法投入大规模的应用,问题就出在"稳定"两字上。比如,即使 BB84 量子密钥方案在理论和实验上都被证明是绝对安全的,但这种方案在从实验室装置应用到光纤网络的过程中,就遇到了"不稳定"这样一个看似简单,却难以解决的难题。要知道,想让一对纠缠的粒子在较长的距离上仍然随时保持稳定那是非常不容易的事情,各种因素都可能破坏它们的稳定性,最终导致传输的信息变成乱码。为了突破这一瓶颈,2002 年,瑞士日内瓦大学的科学家们决定尝试一下"让单个光子朝向一个方向发送,两端建立密钥的方法"来解决纠缠粒子难以在长距离上保持稳定的难题。他们在日内瓦湖底67 千米的光纤中使用了单光子密码通信,从而建立了世界上第一个真实的密钥。但是,人们很快就发现,虽然这个使用单光子的方法可以满足对"稳定"的需求,但是如果用一个光子跟踪信号光子,再把这个光子收回来,就可窃取所有信息,而且这个光子还很难被发现,这将是对"安全性"的致命打击。

　　为了解决稳定性,同时还要保证信息的安全,科学家们继续作出了大量努力。特别值得一提的是,在这一方面,中国的科学家们取得了傲人的成绩:据报道,中国科技大学郭光灿教授的课题组就曾提出了一个新方案,该方案可保证单向光子的稳定性和安全性,并已获得国际专利。2005 年,该课题组使用这一方案,在租用的一条从北京到天津 125 千米的光纤上试用,结果令人非常满意。由此他们成功地使这一技术从实验室走向了光纤网络。

　　此外,为了解决纠缠粒子在长距离上难以保持稳定的问题,中国的科学家们也一直在通过不断的努力刷新着一个又一个的量子传输距离记录。有新近消息称,中国科技大学的研究团队已经让纠缠态的高能光子对穿过了约 16 千米长的自由空间通道。这一距离是目前国际上自由空间纠缠光子分发的最远距离,也是目前国际

上没有窃听漏洞的量子密钥分发的最大距离。在这个距离上,接收端的光子仍能响应留在后方的光子状态变化,远距传输的平均保真度为89%。这项里程碑式的突破,意味着将量子通信的应用扩大到全球规模的局面,也许不久就会到来。

量子隐形传态

　　除了量子密码以外,量子通信另一个主要涉及的领域就是量子隐形传态。量子隐形传态往往又被人们称为量子远距离传输、量子隐形传输、量子遥传等等,是一种全新的通信方式。但在我们即将对量子隐形传态作进一步的了解之前,我必须要向你提醒的一点是:由于人们在提到量子隐形传态之前,总是喜欢用"超时空转移""瞬间转移""时空穿梭"等极具科幻色彩的词语作铺垫,或者使用"发送我吧,苏格兰人"这样一句有名的科幻电影《星际迷航》中的经典台词作为引入点,因此,很多人在初次接触到"量子隐形传态"的时候常常会产生这样的误解:"量子隐形传态"意味着一件事物已经可以瞬间从一个地点传送到另一个地点,且无论两地相隔有多远,距离已经不再有任何意义,因为事物被传递的速度的上限为光速这一限制已经被打破。人类即将实现我们在本书开头讲过的梦想——可以随时带着自己的喜悦、痛苦,甚至是提着豆浆、咬着油条,抑或是打着喷嚏就被瞬间传输到了遥远的另一侧。而这个所谓的"遥远"具体有多远,那就在于你能够想到多远了……打住!我想说,这真是一个美好的"误解",可是,再美好,它毕竟还是一个"误解"。

事实上,从物理学的角度出发,我们可以这样来构想一下量子隐形传态的过程:我们现在需要将物体 A 从小明这里传送到小红那里,那么我们可以先将物体 A 的相关信息提取出来,然后把这些信息传送给小红,而小红收到这些从物体 A 中提取出来的信息后,再把

所有信息放置到一个与构成物体 A 完全相同的基本单元上(比如原子等构成事物的基本粒子),这样就制造出了一个与原物体 A 一模一样的物体 B。我们先不管这个制造出来的物体 B 和原物体 A 的相似度有多大,我们已经能够从这个过程中发现一点,那就是在传送的过程中,原物体 A 并没有被传送,它一直都在小明那里,被传送和被接收的只是表示物体 A 所处状态的信息而已。另外,我还要遗憾地告诉你,制造出来的物体 B 也注定不会是个完美的复制品,因为根据海森堡的"测不准原理"可知,我们是无法精确测量到原物体 A 的所有信息的。因此,长期以来,"发送我吧,苏格兰

人"这样经典的场面都还一直停留在幻想的阶段而已。

现在,让我们将那些美好的幻想先统统抛开,切切实实地走近"量子隐形传态"——这是一种全新的信息传递方式,其传输的已不再是人们熟悉的各种经典信息,而是在量子纠缠的帮助下,传递着量子态携带的量子信息。从某种角度来说,量子隐形传态虽然还无法实现将物体瞬间转移,但是它却可以让待传输的量子态在一个地方神秘消失,而又瞬间转移到另一个地方。

严格说起来,"量子隐形传态"虽然以"量子"两字开头,但它却并不是完全脱离"经典"的单纯的量子行为,而是一种借助经典的信息传递通道和"EPR"通道传送信息的一种更为先进的信息传递方式。对于经典的信息传递通道我们不再作过多的介绍,而对于"EPR"通道,或许你会觉得陌生一点。其实,"EPR"并不是别的什么新奇的"代号",它就是我们在前面提到过的爱因斯坦(Einstein)和他那两位助手(Podolsky,Rosen)的姓名首个字母大写的组合。在这里,"EPR"通道指的是由最大纠缠态的两个粒子形成的一种量子

通道。因为"海森堡测不准原理"和"单量子不可复制定理"已经明确地限制了我们将原量子态的所有信息精确地全部测量出来,因此我们必须将原量子态的相关信息分成两部分——经典信息和量子信息。经典信息是发送者通过对原物体进行一定的测量而获得的,量子信息则是发送者在测量中未提取的原物体的其余量子态信息。看到这里,你或许在心里已经有了大概的认识——经典信息通过经典的信息传递通道传送,而量子信息,则会经由"EPR"量子通道传送。

基于上述的介绍,下面再让我来对量子隐形传态的原理作一个简要的说明。

首先,我们假设信息传递和接收的双方分别叫作爱丽丝和鲍伯。(之所以会将信息传递和接收的双方分别取名为"爱丽丝"和"鲍伯",那是因为,人们在最开始提出这一问题的时候就给信息传递和接收的人假设了这样的名字,后来慢慢便形成了一种惯例,就好像曾经有很长一段时间,大家都习惯将出现在我国各类中小学生读物中的人物取名为"小明"和"小红"一样。)爱丽丝的手上有一个连她本人都不了解其量子态的粒子 A,她想要将这个未知的量子态传递给在远处的鲍伯,但是粒子 A 本身并不需要传送出去。要想实现这一点,即要想实现量子隐形传态,爱丽丝和鲍伯就必须拥有一对共享的"EPR"对。我们再假设这一对"EPR"粒子分别为 B 和 C,很显然 B 和 C 是一对处于纠缠态的粒子,无论对其中哪一个粒子进行测量,另一个相关联的粒子不管相隔多远,都会立即作出相应的变化,这样,这一对纠缠的粒子 B 和 C 就在爱丽丝和鲍伯之间搭建起了一条量子通道。当爱丽丝对她所拥有的纠缠粒子对中的粒子 B(当然也可以是粒子 C,总之,是纠缠粒子对中的一个就好)和她手里原来的粒子 A 进行特定的测量后,鲍伯掌握的纠缠粒子对中的另一个粒子 C 就会在瞬间坍缩到相应的量子态上(具体会坍缩到哪一种状态,完全取决于爱丽丝的随机的测量行为)。此后,爱丽丝通过经典信息传递通道将测量的相关信息传递给鲍伯,鲍伯获得爱丽丝的测量结果之后,再对手里的纠缠粒子对中的 C 作一种相应的特

殊变换,便可使粒子 C 处在与爱丽丝手中的粒子 A 原先未知量子态完全相同的量子态上,这就完成了粒子 A 的未知量子态的量子隐形传送。而传送的量子信息最后附在了粒子 C 上,且整个过程中爱丽丝和鲍伯都不知道他们所传送的量子信息是什么。

有了对量子隐形传态的传送原理的大致了解,我们就可以对人们关于量子隐形传态的一些疑问作出一点点粗浅的解释。比如,有人曾提出:量子隐形传态是不是意味着信息传递的速度已经超越光速了呢?答案当然是否定的。因为我们现在很清楚地知道,量子隐形传态并不是完全脱离"经典"的纯量子行为,其中一部分经过测量得到的信息还是需要经典的信息传递通道来传送的,所以这就决定性地限制了量子隐形传态的传递速度不会超过光速。而提到"经典的信息传递通道",就又有人质疑:如果量子隐形传态中涉及了"经典"的信息传递方式,那又怎能保证它的安全性呢?对于这一点,我要说:请注意,在量子隐形传态的过程中,通过"经典"通信方式想要告诉接收方的只是传送方对粒子进行了怎样特定的变换,以便接收方对掌握在手里的处于"纠缠态"中的一个粒子采取相应的变换,除此之外,其中并不包含任何有关量子信息的内容,即使有人截获了这一部分信息,那也是没有任何用处的。只要你愿意,你甚至可以打广告、拉横幅,或者以大喇叭广播的形式来传递这一部分信息。还有一部分人会问:量子隐形传态这个过程是否已经违背"单量子不可复制定理"了呢?答案仍然是否定的。所谓克隆,指的是原来的事物不被破坏,而在另一个系统中产生一个完全相同的事物。事实上,在爱丽丝对粒子 B 和 A 进行特定的测量时,原有粒子 A 的量子态就必定会被破坏掉,换句话说,你完全可以将爱丽丝的测量行为看作是粒子 A 的未知量子态在爱丽丝这里被变没了,然后又在鲍伯处重新出现。这绝对不是一个

量子的克隆过程,而是量子信息的传送过程。

与量子密码一样,量子隐形传态一经提出,就获得了世界各国的极大关注和宠爱。1997 年,奥地利Zeilinger 研究小组帅先在室内完成了量子隐形传态的原理性实验验证,相关论文发表在《自然》上,成为量子信息实验领域的经典之作,引起国际学术界的极大兴趣。2004 年,该小组在多瑙河底的光纤信道中,成功地将量子隐形传态距离提高到了 600 米。但是由于光纤信道中的损耗和退相干效应,传态的距离受到了极大限制,如何大幅度提高量子隐形传态的距离成为量子信息实验领域的重要研究方向。

2005 年,中国科学技术大学的潘建伟和彭承志等研究人员在合肥创造了 13 千米的双向量子纠缠分发世界纪录,同时验证了在外层空间与地球之间分发纠缠光子对的可行性①。

---

① 参见"百度百科"相关信息,网址:http://baike.baidu.com/link?url＝jyDdd4buLyyYVhNd－bpnNUI4－1rxTFwY8ILFKFLpuVRjzwDs18SXUlGQmOP4vEBK7SfnDk5FpASHg7TSqi3j0a#refIndex_2_3993798.

2007年,中国科学技术大学－清华大学联合研究小组开始在北京八达岭与河北怀来之间架设长达16千米的自由空间量子信道,并取得了一系列关键技术突破,最终在2009年成功实现了世界上最远距离的量子隐形传态,证实了量子隐形传态过程穿越大气层的可行性,为未来基于卫星中继的全球化量子通信网奠定了可靠基础[1]。

2011年,中国科学技术大学教授潘建伟、彭承志、陈宇翱等人,与中国科学院上海技术物理研究所王建宇、光电技术研究所黄永梅等组成联合团队,在青海湖首次成功实现了上百千米量级的自由空间量子隐形传态和纠缠分发,为发射全球首颗"量子通信卫星"奠定了技术基础[2]。

2012年,维也纳大学和奥地利科学院的物理学家

① 参见"百度百科"相关信息,网址:http://baike.baidu.com/link?url=jyDdd4buLyyYVhNd－bpnNUI4－1rxTFwY8ILFKFLpuVRjzwDs18SXUlGQmOP4vEBK7SfnDk5FpASHg7TSqi3j0a#refIndex_2_3993798.

② 参见"中国教育和科研计算机网"相关信息,网址:http://www.edu.cn/cheng_guo_zhan_shi_1085/20100609/t20100609_484600.shtml.

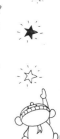

第五章 量子通信

们也不甘落后,实现了量子隐形传态最远距离——143千米,再次创造了新的世界纪录[①]。

量子隐形传态是量子通信中最简单的一种,也是量子通信的基本过程,从事量子隐形传态实验,是实现全球量子通信网络的可行性的前提研究。人们已经越来越清楚地预见了量子隐形传态巨大的开发潜力和经济价值。在量子隐形传态的基础上,人们还提出了实现量子因特网的构想——用量子通道来联系多个量子处理器,以便同时实现多条量子信息的传输和处理。相比于我们现在使用的经典的因特网,量子因特网的优势不言而喻:它将更安全、传输的信息量将更大、传递信息的速度也将更快。相信在不久的将来,一种全新的、更为强大的通信方式就会展现在我们面前,给我们的生活带来更大的便利和美好的变化。让我们拭目以待吧!

[①]　参见"百度百科"相关信息,网址:http://baike.baidu.com/link?url=jyDdd4buLyyYVhNd-bpnNUI4-1rxTFwY8ILFKFLpuVRjzwDs18SXUlGQmOP4vEBK7SfnDk5FpASHg7TSqi3j0a#refIndex_2_3993798.

量子密集编码

　　人们早已没有闲工夫再去过多地关注量子通信和经典通信相比哪个更受欢迎,因为量子通信的优越性已经毋庸置疑,那是经典通信难以比拟的。现在,人们更关心的是如何更好地发展量子通信技术,因为量子通信技术从提出理论到实验验证,再到实际运用,总是不断地面临着一个又一个的困境和挑战,道路是相当的艰辛和曲折。一路走来,磕磕碰碰,跌跌绊绊自是不在话下。比如我们已经知道量子通信在很大程度上都会依赖于量子相干性和量子的叠加原理,可是开放的量子系统和环境却不可避免地存在着会使量子信息载体的量子相干性衰减,以致造成量子信息出错的相互作用。我们将这种量子系统和环境之间相互耦合而使量子相干性消退的现象称为消相干效应。这一效应成为了量子通信发展的瓶颈,如何让量子通信技术突破这一瓶颈,正是眼下大家更为关心且积极思考的问题。下面,我们就先来看一看一个目前看来还算非常有效

的方法——量子密集编码。

量子编码是从 1992 年开始成为量子通信领域最热门的课题之一的,因为人们通过这一方法看见了克服消相干效应的希望。而我们即将了解的量子密集编码,则是一种在"量子纠缠"的基础上兼顾安全通信和高效通信的一类量子通信协议,它可以实现通过发送单个量子比特进行通信而获得两个经典比特的信息量。讲到这里,细心的你肯定会注意到这样两个名词——"经典比特"和"量子比特"。有兴趣知道吗?

你眨巴着的眼睛和写满问号的表情已经暴露了你的好奇和疑惑。呵呵，兔子我可是非常乐意给你说说什么是"经典比特"和"量子比特"的。

"比特"其实是信息科学中的一个基本概念，它包含有两种含义：一种是表示信息的单位；另一种则是表示一个经典的两态系统。在物理学上，一个经典比特常用"0"和"1"两个符号对应一个两态系统，如对应电压的高、低态，信号的有、无态，脉冲的强、弱态，一个开关的开、关态等物理信号。不同的物理信号对应不同的比特，因而在不同的通信系统里一个两态系统中的两态就会有不同的物理描述。但是，有趣的地方就在于，经典物理系统的性质会决定一个经典比特在某个时刻只能处于一种可能的状态，即要么处于"0"态，要么处于"1"态。而如果我们用$|0\rangle$和$|1\rangle$来表示一个量子比特对应的一个两态系统，那么一个量子比特一般说来则会处于$|0\rangle$态和$|1\rangle$态的线性叠加态。这总是让人又难免会想起那只处于"死"和"活"叠加状态下的可怜的小猫，想起在量子的世界里随处可见的可爱的

"小鬼魂"——量子纠缠。

是的,"纠缠"是量子力学中一种特有的资源,一种神奇的力量。随着量子科学的诞生和不断发展,量子纠缠已经成为各种量子科技中不可缺少的技术基础。在量子通信领域,量子纠缠更是担当重任,无论是量子密码还是量子隐形传态,"纠缠"无处不在,而在量子密集编码中,它也发挥着极大的作用。通常情况下,我们用量子比特来存储和传输经典信息,一个量子比特并不能传送一个以上的经典比特的信息。但是正因为有了量子纠缠的帮助,我们才能够实现一个量子比特传送两个经典比特的信息。可见量子纠缠确实是一种神奇而独特的物理资源。

我们再说回量子密集编码。如果说量子隐形传态是利用经典通信方式辅助的方法来传送未知的量子信息,那么量子密集编码就可以看成是利用量子传输通道来传送经典比特对应的信息。量子密集编码是由贝内特于 1992 年提出的,并在 1995 年首次通过实验验证。其原理在于,作为通信的双方,爱丽丝和鲍伯之间必须有一对事先共享的"EPR"粒子,我们假设这一次是鲍伯要给爱丽丝传送信息。那么,鲍伯首先要做的就是将2个经典比特的信息编码到1个量子比特上,然后根据所要发送的信息从4种本地变换中选择1种对其拥有的纠缠粒子对中的一个进行变换,最后将信息发出。爱丽丝接收到信息后,将接收到的粒子和本地的粒子进行特定的测量,再根据测量结果就可知道鲍伯选择的是哪一种变换,从而获得那2个经典比特的信息。

同样的,因为使用量子密集编码通信的双方只使用了纠缠粒子对中的1个来传送信息,因此即使有窃

密者对传送的信息图谋不轨,或者我们大胆假想他已经截获了这个单个的粒子,可是,由于纠缠态中的单个粒子所处的状态是完全不能确定的混

合态,这就决定了窃密者的任何盗窃行为和所得到的信息都将是毫无意义的。相反,他的任何一个小动作,都将暴露他的不良企图。毕竟,在量子的世界中,"你看或不看那一眼,整个世界都不同了"。因此,量子密集编码在理论上也是绝对安全可行的。

量子通信前景展望

梦游仙境的爱丽丝总会梦醒,梦醒后梦中奇妙的仙幻之景带给她更多的却是遗憾。是啊,睁眼后满目的"现实"会告诉她,仙境,只存在于梦里,可望而不可即。而现在,我们所经历的这一神奇的量子之旅也已接近尾声,但我却会欣喜地告诉你,即使旅行结束了,兔子我也绝对不会"嗖"的一下就消失得无影无踪。只要你愿意,我就一直是那只曾带你漫游量子世界的兔子,这一段旅程之后,我仍然可以和你一直同行,毕竟,"量子"不是"仙境",只要你留心,满眼的"现实"就会告诉你,在我们周围,量子无处不在。特别是在国防和军事领域,量子科技的发展和应用更是受到各国政府的重视,应用前景极为广阔。比如,量子密码技术的"不可破解性""窃听可知性"以及能够与现在的光纤通信设备相结合的特点就可以用来改进目前军用光网信息传输的保密性,从而提高对作战信息的保护和信息对抗能力;量子通信的绝对安全性也是传统加密通信无法比拟的,因此在现有军事通信系统网络的基础上,可以建立量子通信系统,从而构成作战区域被机动的安全军事通信网络;在深海安全通信方面,量子通信则可以克服利用长波通信系统庞大、造价高、抗毁性差且仅能实现海水下百米左右通信等局限,利用量子隐形传态与传播媒介无关的特点,为深海安全通信开辟一条崭新的通道;此外,军事信息网络需要大容量、高效率传送及处理信息的能力,量子通信的超大容量和超高传送速度等特点,完全可以满足军事上的特殊要求,更好地为军事通信服务⋯⋯总之,量子通信从各个方面都显示出了无与伦比的魅力和发展潜质。

不过,虽然现在已经取得的丰硕成果大家有目共睹,但量子的发展道路从来就不是一帆风顺的,"困境"

和"瓶颈"无处不在，在以后发展的道路上也定会不时出现，量子科技要想真正进入广泛的实用阶段还有相当长的路要走。因此，我们在看到量子科技傲人成绩的时候，在展望量子科技美好未来的时候，也一定不能忽视问题的存在。

比如最理想的量子通信光源是单光子源，但是目前实用的、可控制的、电激励的单光子源却还在研发当中；而量子中继器、光子存储器等量子通信的相关仪器也纷纷处在研究的起步阶段。特别要提出的是，在前面对量子通信"绝对安全"的描述上，我总是希望能加上一个"理论上"。为什么？因为现在很多配套的仪器和设备并不能达到量子通信的特殊要求，这就必然会使量子通信的安全性大打折扣，所以在以后的发展中，量子通信相关配套设施的改进优化也是必不可少的……

量子通信的发展永无止境，这就注定我们神奇的量子和量子通信之旅也将永无止境……请记住，只要你愿意，我就是那只可爱的兔子，等着你，和你一起同行！